拯救露西

【英】伊什贝尔·罗丝·福尔摩斯（Ishbel Rose Holmes）/著

樊斌　韩存新/译

环球骑行女孩
Saving Lucy

中华工商联合出版社

图书在版编目（CIP）数据

拯救露西 /（英）伊什贝尔·罗丝·福尔摩斯
(Ishbel Rose Holmes) 著；樊斌，韩存新译. — 北京：
中华工商联合出版社，2022.10
 书名原文: SAVING LUCY: A girl, a bike, a street dog
 ISBN 978-7-5158-3545-7

Ⅰ.①拯… Ⅱ.①伊… ②樊… ③韩… Ⅲ.①心理学—通俗读物 Ⅳ.①B84-49

中国版本图书馆CIP数据核字（2022）第 173819 号

SAVING LUCY BY ISHBEL HOLMES © 2018
Simplified Chinese language edition published in agreement with David Luxton Associates Ltd. through The Artemis Agency.
北京市版权局著作权合同登记号：图字01-2021-6025号

拯救露西

作　　者：	［英］伊什贝尔·罗丝·福尔摩斯(Ishbel Rose Holmes)
译　　者：	樊　斌　韩存新
出 品 人：	刘　刚
责任编辑：	胡小英　楼燕青
装帧设计：	周　源
排版设计：	水日方设计
责任审读：	付德华
责任印制：	迈致红
出版发行：	中华工商联合出版社有限责任公司
印　　刷：	北京毅峰迅捷印刷有限公司
版　　次：	2023 年 3 月第 1 版
印　　次：	2023 年 3 月第 1 次印刷
开　　本：	710mm×1020mm　1/16
字　　数：	150 千字
印　　张：	13.25
书　　号：	ISBN 978-7-5158-3545-7
定　　价：	68.00 元

服务热线：010—58301130—0（前台）
销售热线：010—58302977（网店部）
　　　　　010—58302166（门店部）
　　　　　010—58302837（馆配部、新媒体部）
　　　　　010—58302813（团购部）
地址邮编：北京市西城区西环广场 A 座
　　　　　19—20 层，100044
　　　　　http://www.chgslcbs.cn
投稿热线：010—58302907（总编室）
投稿邮箱：1621239583@qq.com

工商联版图书
版权所有　侵权必究

凡本社图书出现印装质量问题，请与印务部联系。
联系电话：010—58302915

推介词

无论你为什么奋斗,无论你的目标是什么,这本书都将成为你的灵感之源。

——劳拉·辛普森,和谐基金会创始人

谁拯救了谁?伊什贝尔是一位不可思议而又坚定的女性,她的情感故事将带你踏上一段充满眼泪、欢笑、希望和灵感的旅程。她与流浪狗之间的真挚友谊成为她们俩的纽带和救赎。令人振奋!

——迪恩·莱纳德,《寻找Gobi》作者

在这本书中我们看到了一位女性在经历了难以置信的、艰辛的童年之后如何展现出自己的勇气……这本美丽而又鼓舞人心的书将带领我们走进一段真实、热情的奉献之旅。

——弗兰克·吉尔霍利,苏格兰演员、作家兼导演在我看到第2页时就被它深深地吸引住了，看到第5页时不禁开始落泪。这是一个勇敢而鼓舞人心的年轻女性用大爱书写的精彩故事。如果你喜欢旅行和动物，那么你一定会喜欢这本书。

——杰森·刘易斯，作家、探险家、可持续发展活动家

一个不可思议的故事……伊什贝尔带我们坐上"过山车"，经历了起伏的人生旅程，穿越了土耳其，与露西一起骑行。这是一本好书，特别适合单车旅游者或爱狗人士。

——西蒙·斯坦福斯，

英国旅游自行车公司"斯坦福斯自行车"创始人

真实、诚实、有趣，伊什贝尔身上融合了毅力、坚定与乐观。她独自探索世界的热情极具感染力，令人陶醉在她的世界和那令人难以置信的旅程中。不过，我最喜欢的地方在于，书中的伊什贝尔不会逃避黑暗时刻，她揭示了自己所经历的曲折人生，以及她最终如何将自己经历的痛苦变成力量。我坚信她的故事会启发成千上万的人。

——安娜·麦克纳夫，冒险家、演讲者、赛艇世界冠军、运动员

前言
Preface

在动物爱好者之间，"环球骑行女孩"已经迅速成为最受欢迎的话题之一，他们一直关注着骑行者伊什贝尔·罗丝·福尔摩斯的故事。伊什贝尔·罗丝·福尔摩斯骑着自行车，穿越整个土耳其，为孤独的流浪狗寻找避难所。当我第一次听说伊什贝尔和她的旅行时，我心想："她的腿一定非常结实，才能承受一只成年狗的重量。"然而，在了解了伊什贝尔后，我才明白了，她的强大其实来自她的内心。

作为动物救助慈善和谐基金会的创始人，我身边的人们，不仅心地善良，而且意志坚强。他们日复一日，孜孜不倦地抵御着暴风雪、飓风、干旱和贫困，所有的这些都是为了拯救那些需要帮助的动物。伊什贝尔很快加入了这个杰出的救援人员圈子，但是直到她讲述了她的整个故事之后，我才意识到她的旅行意义有多么深远。

童年遭受创伤并渴望着爱的伊什贝尔遇到了一条名叫露西的流浪狗。她们一起吃饭，在星空下过夜，一起旅行。

在接下来的几周时间里，她们会从成堆的野狗、潜在的强奸犯以及企图敲诈她们的人中拯救彼此的生命。最终，伊什贝尔和露西发现了她们俩终生在找寻的事情……伊什贝尔也成为一名保卫自己的"全能战士"。

《拯救露西》既朴实又甜蜜，就像一天的漫长一样真实。此书，将唤醒你从未有过的勇气，发掘一直在等待着你的潜能。无论你如何战斗，无论你的目标是什么，本书都将成为你深深的灵感之源。

劳拉·辛普森

目录 Contents

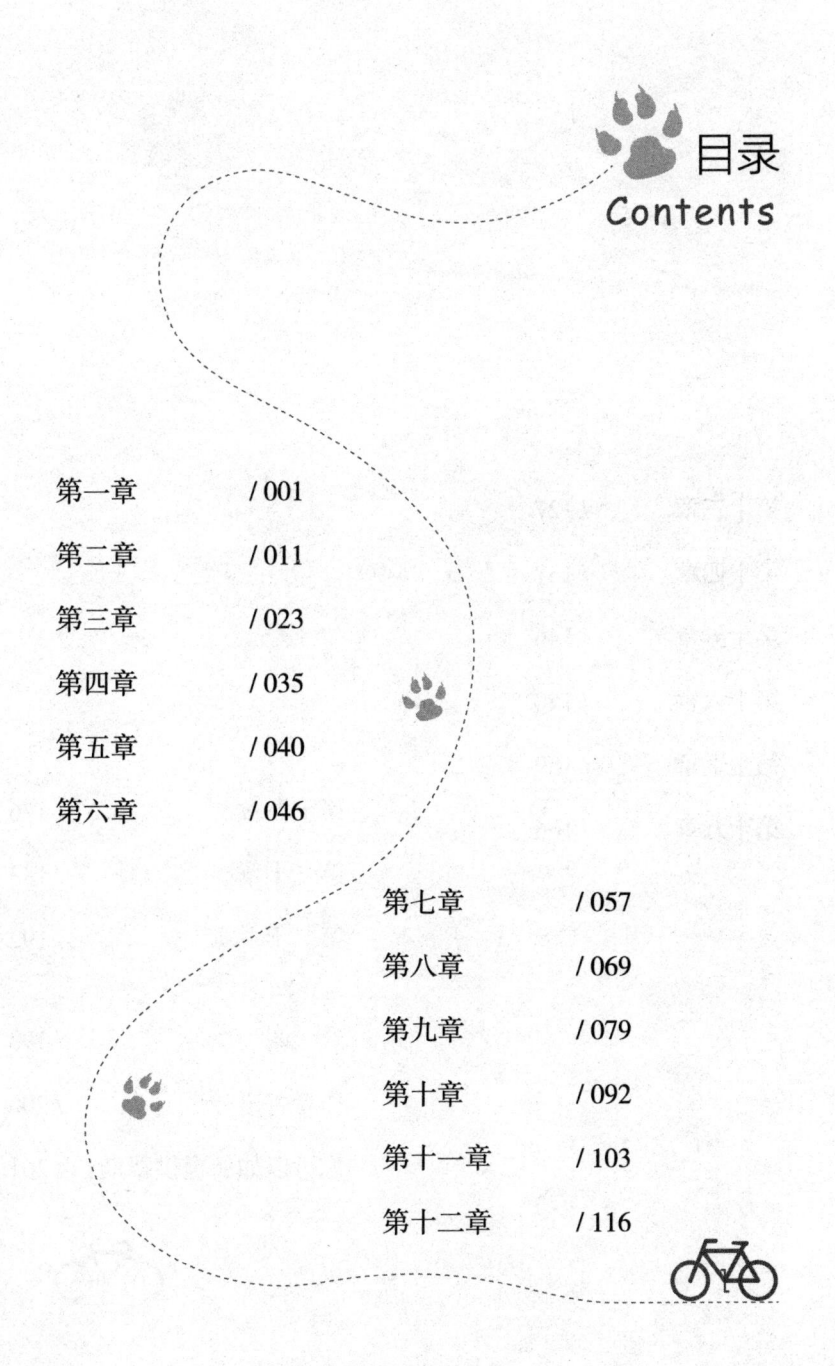

第一章	/ 001
第二章	/ 011
第三章	/ 023
第四章	/ 035
第五章	/ 040
第六章	/ 046
第七章	/ 057
第八章	/ 069
第九章	/ 079
第十章	/ 092
第十一章	/ 103
第十二章	/ 116

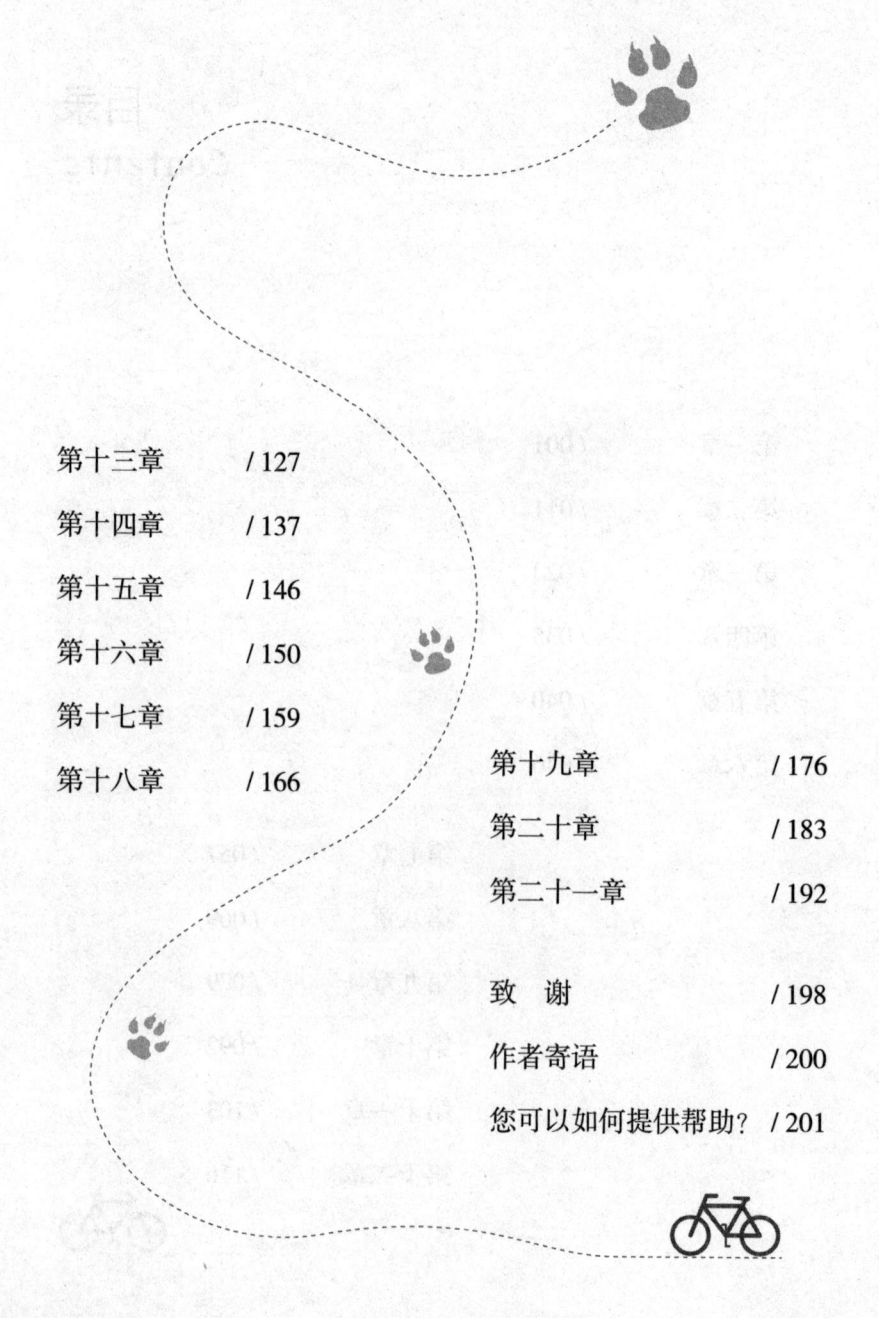

第十三章	/ 127
第十四章	/ 137
第十五章	/ 146
第十六章	/ 150
第十七章	/ 159
第十八章	/ 166

第十九章	/ 176
第二十章	/ 183
第二十一章	/ 192

致　谢	/ 198
作者寄语	/ 200
您可以如何提供帮助？	/ 201

第一章

　　在骑自行车环游世界的第一个晚上，我的自行车上挂着65磅的行李，却发觉自己好像忘了带打火机。暗夜中，我坐在帐篷外面，想通过击打两块鹅卵石生火，最终还是失败了。那天晚上，我钻进睡袋，又累又饿又沮丧。那时我才明白，真正的探险家得想法子来生火做饭。

　　五个月后，当我踏上了骑行的第十个国家（土耳其），仍然渴望自己能像个冒险家一样。但迄今为止，我经历了太多让人歇斯底里的遭遇，包括蜘蛛、鼻涕虫、臆想的怪物，以至于我开始怀疑自己的人品。每个夜晚,我都露宿野外。每当日落,我都会特别担心三件事:第一,有人发现我,并杀了我;第二,野生动物发现我,并吃掉了我;第三,联合收割机没看到我的帐篷,把我"收割"了。

一路上,我多次想燃起篝火,但是又担心会烧毁整个森林,只好放弃。今天,距伊斯坦布尔约200公里,我沿着马尔马拉海岸安静地骑行。空旷的冬季海滩上散落着浮木,再次激发了我的灵感。我决定,今晚燃起这趟旅行中的第一把篝火。我离成为一名真正的冒险家仅一步之遥了!

下午稍晚,我沿着右边的一条小路转弯,穿过一排木屋,走向海滩。我走进一家乡村小商店,这里满是灰尘,货架上陈列着各种日用品,从DIY到水果罐头,但就是没有一个顾客。

因荷包干瘪,买个洋葱我都要深思熟虑。我打算今晚吃意大利面,加点剩下的大蒜,更加美味。上周,当我只剩最后二十镑时,一家苏格兰公司看到了我在脸书上说我的计划已经濒临绝境的帖子,他们给我捐赠了一些现金,帮助我继续前进。我知道每天的花费越少,维持的旅行天数就越多,所以我总是精打细算。我认为,缺少旅费与骑行带来的无价体验相比,只是一个小小的麻烦。

到达海滩,除了远处有几条狗几乎空无一人,冬天灰灰的海洋、岸上的海滩、几座旅游小屋，看起来人烟寥落。尽管这里非常适合燃起篝火，但始终让人有一种不安的感觉。作为一个女生，独自骑自行车环游世界时，我的直觉占了上风，所以我带着失望的心情转身骑车离开，打算去寻找下一个海滩。

我临走又回头看了一眼，试图能获得一点留下来点燃篝火的信心。然而，令我惊讶的是，我发现一条浅色的狗狗悄无声息地跟在我车后。我不禁笑了起来。在自行车比赛期间，教练告诉我们要骑在前面竞争对手的"盲点"上，这种策略可以使我们在节省体力的同时保持"隐身"的状态。这只狗绝对在我的盲点上！

我知道，骑行路上最好不要认领或者喂养流浪狗。它们可能会一路尾随，这对人和狗来说都没有好处。其他骑自行车的旅行者曾警告我："请记住，你正在骑车环游世界，流浪狗不是你该考虑的问题！"

所以，我没理那只狗，骑着自行车穿过村庄，回到了空无一人的主干道上。当我回头时，发现那条狗还跟在我车后。我用力踩着踏板，像短跑运动员一样冲了出去，简直像一架专为力量和速度所设计的快速肌肉牵拉人体机器。我再次瞥了一眼，发现那条狗在拼命地追赶我，试图保持不掉队。我注意到它的姿势很怪异——它有点瘸。

我越骑越快，口里念念有词："我在环游世界，流浪狗不关我的事！"前方是一段漫长而平缓的下坡路，给了我加速度。流浪狗落后了。我再次向后看了一眼，仍然可以辨认出它的形状，现在它只是远处的一个小点。上帝啊，它为什么还在跑？"放弃吧！"我默默地嘟囔着，"放弃吧！"。

我内心深处有个声音，开始像是低语，然后默默变成呐喊，直到大到无法忽视，最后大声喊道："伊什贝尔，这不对。你这么做错了！"我刹住车，停了下来。我转过身，希望那条狗不会追上我。但如果它追上来了，我就要处理这个自找的麻烦。最终，那条狗追上来了，喘着粗气，趴在了几英尺外的地面上。我向它伸出手表示友好，轻声说话。它保持着距离。这只狗使我困惑。我没有和它说过话，也没有喂过它，甚至不认识它。为什么它会如此努力地追逐我这么长时间，却又拒绝靠近我？这只狗很奇怪。

我让狗休息了几分钟，然后开始沿着道路推着我的自行车，我还不确定下一步该怎么做。狗跟在车后面。我心里明白今晚是不可能像个真正的冒险家一样燃起篝火了，今晚只好在坡地上露营了。

准备播种的农业机械，沟壑深深、起伏不平的农田，一辆满负荷的自行车在这种地形上前行十分困难。低下头，不管肩上有多痛，我紧压车把，使出全力，将自行车向前推进，直到无法再向前行驶。没有树篱，公路上尘土飞扬。我希望远离公路，这样过往车辆才不会注意到我在夜间露营。

我搭帐篷时，狗躺在地上，从远处看着我。在煮意大利面时，我仔细看了看它的后部。它是条母狗，瘦骨嶙峋的，有一只爪子变形了。我不知道它曾遭遇了什么，为什么跛。它痛吗？它耳朵上有一个粉红色的塑料圆圈，就像英国的狗项圈标志。我想知道那是什么，也许是来自它的家人。如果它曾有一个家，那我讨厌它的家人，因为他们不再照顾它。

我为它感到难过，但不知道该如何帮它。我留了一半意大利面给它吃，但它仍然拒绝靠近我。我把锅放在距离它不远的地方，心想：天哪！一条快饿死的狗都不吃我做的饭。

我突然想起了前男友，当我宣称，会打理卧室就不用会打理厨房时，我们哈哈大笑。不管我有多想忘掉他，却总是忘不掉。在准备环游世界前，我曾问过他我们是否可以复合，然而令我心碎的是，我不得不接受我们无法复合的现实。他已经为自己的职业发展开始了大学的学习。他说，如果我再和他说一次不爱他了，他肯定会崩溃的。

他说对了一点。当我们完全陷入疯狂的恋爱中，我发现他身上有很多缺点需要改变。他曾努力改变，但我继续以惊人的力量破坏着我们的关系。

我最终发现自己受伤太深，无法去爱或被爱。意识到这一点，我决定改变。

晚餐后收拾东西，我把没吃完的意大利面倒进了一个垃圾袋，而狗还在盯着我的一举一动。我走开后，它才走到打开的袋子边，开始吃起来。看它这样，我更难过了。

天黑了，我也困了。我小声跟那条狗说了声晚安，便爬进帐篷，拉上了拉链。当睡在温暖的睡袋里时，我的内疚感油然而生。我放下对跳蚤的顾虑，拉开帐篷的拉链，拍拍地面，邀请它进来一起睡。它没有动。我叹了口气，又拉上了帐篷拉链。欣慰的是，它吃了东西，但我希望醒来后它已经走了，因为我不太可能带着它一起环游世界。

第二天早上醒来时，我的第一个念头是："希望那条狗不在了。"实际上，我不只是希望而是祈祷。在清晨的阳光下，我缓缓拉开帐篷的拉链，弯腰钻了出来。那条狗就躺在垃圾袋旁边，"这样可不好哦。"我小声嘀咕道。

"你好，姑娘！"我鼓起劲让自己的语调高昂，以此来掩饰我的失望。它离得更远了。既然如此怕我，为什么还要在我附近瞎溜达呢？

　　我不知道该怎么办。我站起来看看了农田，只找到一条乡间小路，远处散落着许多农舍。我在想它是从哪个村庄开始追随我的。它很瘦，很显然曾经受过伤，但还是努力地活了下来。我决定带它回到开始跟着我的那片海滩，也许我可以在附近找到它的家人。也许有人会认出它并领走它。没有其他办法了，跟我走是不可能的。我可是正在骑车环游世界呢！

　　我吃了一些面包，也给了它一块，但它拒绝了，最后我把面包扔进垃圾袋，它才跑过去吃了起来。我收拾行装，慢慢地将自行车推回到犁过的田野上，后面跟着那条狗。我们进入了荒凉的柏油路，我慢慢地骑着自行车，以便它可以跟上我的速度。我也会不时地向后看，以确保它一切都好。我不知道它怎么瘸的，但我实在不想再让它遭受不必要的痛苦。

　　我们回到村里，那只狗在前面走着，我希望它能在这里落脚，把这里当成它的家。突然，我右边的一块地里传来愤怒的吠叫声，有四条狗跑过马路来。我向它们大喊，试图把它们驱赶开，但它们追上来了，并开始攻击它。令我恐惧的是，这条狗没有跑，也不反击，只是静静地躺了下来，忍受着一切——那四条狗狰狞地撕咬着它受伤的臀部和腿部。

　　那一刻，我仿佛回到了16岁那年，我坐在车后座时，那一刻我没有反抗,也不怎么想反抗。几个月前,我每天晚上躺在床上,心底默默地嘶喊,有时捶打枕头,但捶打更多的是自己。我泪流满面,两眼浮肿,向各方神灵祈祷:只要我能回到我自己的家,我一定会做一个乖孩子。但是,无论我怎么祈祷,都于事无补。我独自一人生活在寄养家庭里,周围都是陌生人。那天晚上,在那辆车上,我终于不再拒绝,凝视着黑暗的窗外,不禁感慨:我受到惩罚了,因为我太糟糕了,以至于我的妈妈都不想要我了。

我扔下自行车,拼尽全力朝着那些狗大叫。我踢着、拉扯着那几条咆哮的狗,尖叫起来直到把它们吓跑。它侧躺着,我跪下来,眼泪盈眶。它摇了摇头,刚好舔到我的手。当它那双棕色的大眼睛望着我时,我感觉自己的心融化了。我告诉她(此时作者从内心深处认可这条狗,故后文均采用"她",译者注),她是一个"好女孩"。就在那一刻,我给她取了"露西"这个名字。

我站起来,背对着她,泪水滚落了下来。她为什么只躺在那里?她为什么不跑开?为什么那些年前我没有跑?我责骂自己,愤怒地擦去自己的眼泪。露西不需要我的眼泪,她需要我的帮助。就像几年前的我需要帮助一样,虽然我从未得到过帮助。我蹲在她旁边,深吸了一口气,微笑着拍了拍她,轻声告诉她一切都会好起来的。

　　当我站起来时，露西也站了起来，她用鼻子蹭我的腿。我们一起走到了前一天去过的乡村商店。我告诉露西守着自行车在外面等。我笑自己，她怎么会听懂我的话？她是狗，我是人。然而，不知为何，与她交谈似乎使我们更加亲近。

　　那个店老板很高兴再次见到我，和我聊了起来，也不在乎我什么都听不懂。我试图向他解释露西的情况，他听不明白。我把他带到外面，指向露西。他微笑着，点了点头，然后转身离开。他回来后，给露西扔了块面包。我的心一瞬间暖暖的。多可爱的人啊！然后，他示意我：当狗分心去吃面包时，我可以骑车离开。我拒绝了，我想确保露西没事。他点了点头，表示明白了。但令我震惊的是，他开始朝露西跑去，挥舞着双手向她大喊。露西尽力逃走了。他回头看着我，高兴地表示自己提供了"帮助"，但此举却让我感到恐惧。我说了声"谢谢你，再见"后，深吸一口气，骑上自行车，朝着露西跑走的方向骑去，不顾一切地想再次见到她。但是她走了。在我转身的那一刻，悲伤将我吞噬。我慢慢地骑回主路。好吧，我想这样可能是最好的安排。

　　正当我踩着脚踏板加速时……我回头，突然发现露西飞奔过村庄朝我跑来。看着她模糊的身形越来越近，我抑制不住地惊喜。我跳下了自行车,跪下来,伸出双臂迎接她,脸上露出了灿烂的笑容。她用力扑进我怀里,几乎把我压倒了,我把她抱在怀里,一遍又一遍地告诉她:"你真好!真好!"

第二章

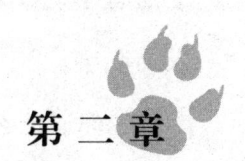

我不知道下一步该怎么做。但是如果放任不管露西的话，肯定会有更多的狗来攻击她，我不能这样做。我有移动接收设备，打算在谷歌上查询一下流浪狗的收容办法。

我打开了一个英语网站，里面有介绍土耳其流浪狗的内容。于是，我拨通了网站上的电话。电话那头传来了一位英国女士的声音："您好，萨曼莎为您服务。"我简直不敢相信自己的运气。"您好，我叫伊什贝尔，我在骑车环游世界。"我犹豫了一下，不知道接下来要说什么。

"我是伊什贝尔,在土耳其。我在你们的网站上找到的这个联系电话。有一只狗一直跟着我,就只有她自己。

"这只狗独自游荡,她的耳朵上有一个粉红色的标签,上面有单词Gonen和一个数字。我认为Gonen有可能是她家人的名字。"

"你说什么?"对方是难以置信的语气。

我又说了一遍:"狗耳朵上有一个粉红色的标签,我认为那是她的家人的,但我不知道如何找到他们。我可以带她去找她的家人吗?"

"耳朵上的那个标签意味着她是流浪狗。"

"哦。"我的心一沉。

萨曼莎继续说:"这意味着你在土耳其格嫩地区。"

我的脸红了。

"那她没有家人了吗?"我追问道。

"没有。"她的声音越来越高,"她是流浪狗。耳朵被贴上了标签,表明狗已经绝育并接种了狂犬病疫苗,然后被送回街头生活。"

我大叫道:"太糟糕了。"

我俩都沉默了。

"好吧,那我该怎么办?"我问。

"土耳其有很多类似的流浪狗。"她淡淡地说。

"是的,但是我该怎么办?她步履蹒跚,还被其他狗袭击了。我不能就这么离开她。"

萨曼莎无奈地说道:"这样吧,你把这条狗给我,我把她收留在我的庇护所里。"

"庇护所"一词让我浮想联翩。我想到了伦敦修道院花园水疗中心。在英国,庇护所意味着奢侈,我简直不敢相信我们的运气。这一天,我绝对应该去买彩票。

"她会吃饱,得到很好的照顾,所有的狗都会在我的庇护所里自由奔跑。"

"非常感谢!"我兴奋极了,"你在哪儿?"

"穆格拉。"

"太好了,那是哪里?"

"从您目前所在的位置向南约350英里。"

"350英里?"我的兴奋劲瞬间破灭了,"这是不可能的,我在骑自行车。附近有别的类似的地方我可以送她去吗?"我有些崩溃了。

"没有!"她突然大声喊道,"无论你做什么,都不要带她去狗狗避难所!"

挂断电话,我轻轻地低下了头,看着露西:她没有家,没有家人，就像我一样。突然，我哭了起来。

我回想起在法国里维埃拉的尼斯，我是如何开始环世界自行车探险的。我并不是法国人，我出生在英格兰，母亲是苏格兰人，父亲是伊朗人。我出生到现在的大部分时间都是在苏格兰度过的，在这个国家，对晴天的期待和中奖一样让人感到兴奋（这两种可能性都不大）。我选择从尼斯开始骑行。我笑着告诉别人：我已经厌倦了苏格兰的阴雨，我要享受我的第一英里阳光。即使我登上飞往法国南部的廉价航班，我也坚信这一点。但是现在，看着露西躺在我的自行车旁边，一副孤苦伶仃的模样，我突然意识到我的旅途遗失了某些东西——其他冒险家在他们的博客中所写到的"告别"：临别前夜亲人的欢送宴，以戴上睡帽，互相拥抱结束；告别时家人簇拥着踏上征途；父母眼噙热泪；不顾一切想要离开家的心情……所有这些场景都源自"家"。现在看着露西，我感到痛苦而清醒：我的自行车骑行，在尼斯的阳光下开始，并不是为了躲避阴雨，而是为了躲避在"环球骑行"过程中糟糕的"空踩"，没有家可以出发，也没有家人为我送别。

我知道一个人在世界上，被家人和社会抛弃，流落街头有多孤独，就像露西受了伤，刚又受到攻击，脆弱又形单影只，无法保护自己。此时，我伸出的援手可以改变露西的一切，但我根本无法送她去350英里之外的庇护所。

就在这时，几个月前在意大利认识的一个醉汉——德国人安德烈——突然出现在我的脑海。那时，我一直向着威尼斯骑行。一天清晨，我骑车经过公园的长椅，上面躺着几个醉汉。意识到自己走错了路，我转身往回骑，再次路过他们时，这次我注意到，在他们旁边有架旅行自行车，好奇使我停了下来。

安德烈的脸红得像龙虾，说话含糊。我的第一个念头就是"他急需洗个澡"，这足以说明他有多邋遢。"距我上次洗澡已经过去九天了。"他说他的骑行早在柏林墙倒塌之前就已经开始了，已经环游世界三十年了。看着他旁边喝空的酒瓶子，我并不相信他这所谓的"三十年的旅程"。但是安德烈不断地向我讲述他的故事，加上他会说多种语言，我意识到他很可能并没有说谎。我曾听过像他这样的骑行者的故事，但我从未见过他们。

安德烈养了一只白色的小狗，名叫"小甜甜"。它的家是一个绿色的塑料板条箱，附在自行车前轮的车把上，顶部固定有一个粉红色的塑料引擎盖，看起来像是一个属于儿童车的车架，可抵挡阳光和雨水的侵袭，"小甜甜"的玩具和碗悬挂在自行车的不同位置。

想到这儿，我立即回到现实。就是这样！就像安德烈为

"小甜甜"所做的那样，我必须找到一种将露西放在自行车上的方法。当然，露西是一只大狗，而"小甜甜"很小。但是我作为苏格兰和伊朗最快的女子自行车骑手之一，必须相信这样的"骑车基因"会帮助我找到一种方法拯救露西。

尽管如此，一想到要将45磅重的狗放在我已经满载的自行车上，然后继续骑行，我还是不禁很想笑。这几乎是不可能的，不是吗？

我开始推着自行车，带着露西骑向下一个城镇，期待着可能会有更多的解决方法。自从被袭击之后，露西一直跟在我身边，每次有卡车从任一方向驶来，她都会跑到路边，趴下来，直到卡车的噪音消失后才动。我认为卡车对她的身体肯定造成过一些伤害，看看她变形的腿，一定曾有车轮碾过她的爪子。天哪，那一定很疼！

我到了一个名为比加的小镇郊区，停在了一家看起来像五金店的地方。我仅会说几句土耳其语，只能叫店员出来一下。即使我环游世界，但还是对各种语言感到茫然。当伊朗国家自行车队邀我加入他们时，我却不会说波斯语。我的父亲是伊朗人，但他从未教过我。我四岁时，他教会我骑自行车后不久就离开了家。我只能听懂波斯语，作为伊朗队的短跑选手时，我的教练从德黑兰赛车场的中间向我喊道："yek dor!"意思是"最后一圈"。六个月后,我离开赛道时,我的波斯语水平几乎没有提高。

现在,无法用土耳其语沟通,我只能和五金店员比划,效果还不错,他终于回到店里面,然后带着细的木制蔬菜箱、金属丝和钳子出来了。

我仔细观察了自己这辆紫色铝制的自行车,这种自行车是为方便都市生活方式而设计的,用于通勤上班或与朋友喝喝咖啡溜达的,而不是为了环游世界。轻巧的小型整套装备很昂贵,而我的装备又笨又重,冬季能否生存都是一个大问题,这也使我的自行车看起来非常庞大。我的睡袋花了十五美元,但依旧塞不进我最大的挂包中,只好绑在车座后面,压在所有东西上。这款自行车与我在运动中骑过的昂贵轻便的碳纤维自行车相差甚远。

露西和店主看着我从前轮上方卸下行李,将其绑在后行李袋上。我跪下来,开始用铁丝将蔬菜箱固定在自行车的前部。关于我的自行车,有一条规则适用于包括我在内的每个人:切勿触摸它,因为我从未清洗过它。不一会儿,当我擦了一下眉间的汗水时,手和脸全变黑了。

当地人开始围观我,有的人甚至趴在楼上的窗户上看我。有人告诉其他人说箱子是为狗准备的。

铁丝把我的手划破流血了，血污油污混在一起。

完成后，我站了起来，在碎花裙上擦了擦手。我选择这种图案的裙子，就是为了不让别人发现这曾经是条茶巾。碰了碰板条箱，它左右摇摆。我看了看箱子下方，发现一块厚厚的木头从板条箱的底部中央掉了下来。糟糕。我之前没有注意到。

"就这样吧"，我想我已尽全力了。我用其他衣服在板条箱的内部垫着，红色格子的苏格兰骑行服在最上面。

当然，我的狗篮看上去不是那么稳固。但我仍然感叹于自己竟然完成了这项"巨大的工程"。在这之前，我甚至不懂如何使用补胎工具包。看着自行车、箱子和露西，我不禁摇了摇头。"这决不是长久之计！"但别无选择，不得不这样做。我认为最好的办法就是"视而不见"。

我还没有准备好将露西放进箱子里，尤其是在人群面前。我突然想到一件重要的事，那就是给她买一个水碗。我跪下摸了摸她的头，对她说："我会在五分钟内回来。"她则在自行车边等着。我匆匆走进杂货店，不知道她是否会乖乖等着我。我发现一个银制的唐杜里碗，还买了一些熟肉，然后就赶紧结账出门了。因为我担心她走了。

看到露西仍然坐在自行车旁边，我的内心感到了一丝温暖。我把一碗肉放在她面前，但她不吃。我叹了口气，把肉放在人行道上，果然她开始大口吃了起来。我紧挨着她，以便保护她免受外界的惊扰。

我绞尽脑汁，想办法拖延即将面临的尴尬时刻。太多人围观，人人都想看，我试着想象带着箱子里的大狗骑车时会发生什么。我简直不敢相信自己会这么做。在酒吧喝通宵后，我唯一骑自行车运送过的"东西"是醉酒的朋友，虽然并不是最好的"经验"，至少是一个安慰。

情况糟糕时，我并不想有人围观，特别害怕自己会哭。因此，我选择推着自行车沿着街道往前走，以便远离人群。但是看着露西跛行着尽力跟上我的样子，我知道别无选择。露西必须坐进箱子里。我不得不克服对失败的恐惧，继续前行。

我将自行车靠在墙上，蹲到露西跟前。轻轻地托住她的脸，看着她的眼睛，轻声解释我必须把她放进箱子里然后一起骑自行车，只有这样做，其他狗才不会再次攻击她。我解释说："接下来的350英里，我们俩将会面临很多困难，有时可能会有一些不舒服，有时甚至还会令人恐惧，但她一旦进入庇护所，将终生受到保护。"她那棕色的大眼睛回望着我，我希望她能以某种方式理解我的话。

我扶起她，一遍又一遍地告诉她，她是个好女孩，然后把她放进了箱子里。我退了一步，低声告诉她"相信我"。她坐在箱子里不动，眼睛盯着我。我稳稳地握住自行车把，然后慢慢将车从墙上拉开。我有些僵住了，不敢动一下，仿佛等待崩溃的一刻到来。我突然想大笑，就像我紧张的时候一样。最后，我将一条腿跨过车架子，站了一下，不敢相信露西竟没有跳出来。

人们开始指着我们大笑。露西不是一只小狗，她高高地立在车把上。我深吸了一口气，默念着这次旅行的口头禅："你是个好女孩，露西。"我们出发了，车子东摇西晃，危险频发。露西的体重、晃动的箱子，都造成前轮倾斜和转向，我确信自己一定会撞车。

四岁学骑车时，父亲在我身后说："我扶着你，我扶着你，一直扶着你，我保证。"我向后看了一眼，发现爸爸根本没有扶着。他在远处而我一个人骑着自行车，突然恐惧感袭来，我摇摇晃晃着，摔倒了。

现在，有了露西，我心跳加快，拼尽全力，避免左摇右摆，保持前轮笔直前进。然后，我们骑起来啦！我们真的骑起来啦！露西不停地看向我，然后又看回路上，可能以为她被一个疯子救了出来。街上的人都停下来，大笑着看着一个外国女孩骑着一辆载有行李和大狗的自行车。我才不理他们。我宁可忍受350英里这样的艰辛，也要确保露西过上安全的生活。

几分钟后，刚刚有点劲儿了，我却急着想上洗手间。之前我对狗箱子和露西太上心了，一直没感觉到尿急。我怨自己：经历了所有这些事情，就只是为了这么快就停下来吗？

我把车骑到一个加油站，工作人员转身盯着我。我把车固定在适当的位置，然后卸下车架，将露西抱出箱子，在给了她一个大大的拥抱后，将她放在地上。我告诉露西我要去方便一下，就一分钟。工作人员一定以为我是个傻子吧。

上完厕所，我以最快的速度返回，然而，此时，露西却不见了。我环顾四周，大声呼喊她，却没有得到任何回应。最终，我不得不承认露西走了。我开始责怪自己为什么要上厕所。就在我放弃呼喊，无奈地骑出加油站时，露西从车站对面的田野以最快的速度向我扑来。我扔下自行车，张开双臂，高兴地迎接着她。当我抱着她的时候，一股莫名的温暖涌上我的心头。"我以为你走了！我以为你走了！"我一遍遍呢喃着。

我再次将她抱到箱子里，然后继续骑行。汽车不断驶过，我全神贯注地保持着直线骑行。如果自行车老是左右摆动，我们两个随时可能会没命。这不禁让我想起了之前的公路自行车赛。

突然，一辆货车呼啸而过，因为距离太近了，震动了自行车。那一刻，我感受到了恐惧。这样下去，我无法坚持骑行350英里。如果我的车失控了，对我们俩来说都太危险了。没办法，我只好带她去这附近的"狗狗避难所"碰碰运气。

第三章

在比卡繁忙的市中心,我把自行车靠在一个公共汽车站旁。我可以想象,人们会停下脚步,呼朋唤友,嘲笑箱子里的露西。我抱下露西,站在繁忙的人行道上,询问路人当地的"狗狗避难所"在哪里。没人会说英语。但是我一直反复询问着,不断地回头看,确保露西仍然在自行车旁边。

终于有个男人停了下来。他也听不懂我的话,但是他掏出电话,打给了他的一个会说英语的朋友。经过这个朋友的"现场"翻译,我终于弄明白怎么去"狗狗避难所"了。

在感谢了路人的帮助后,我继续朝前骑行。忘掉难堪,我只想着周围每个不在骑车环球旅行的普通人,都比我更能帮助这只狗,所以我要快点送她去"狗狗避难所"。

骑到一个路口,应该是拐个弯就是避难所了。为了确保万无一失,我问了几个在路边工作的人。有个人从他工作的庞大黄色挖掘机上跳了下来,我指着不同的道路向他反复问"köpekevi"("狗屋")。他指着另一条路说,那才是正确的道。他走在我旁边,带我穿过繁忙的街道。他的善举让我十分感动。

没等我们过马路,他突然把手伸进了我的衬衫里,开始摸我的乳房。我震惊了,使劲拽开他的手臂,跑出几米远。那一刻,我们看着对方,我生气地对他喊叫,他对我的反应也感到震惊,似乎不知道我到底为什么愤怒。最终,他耸了耸肩,走开了,好像什么都没发生。我难以置信地站在那儿。光天化日之下,他居然在大街上耍流氓,大摇大摆,毫不掩饰,这让我有些害怕。

突然,路堤上方出现一群狗并开始咆哮,我的愤怒瞬间变成恐惧。我拼命地往前骑,露西也拼命地跟着我跑。终于到达了狗狗避难所,逃脱了可怕的人、可怕的狗,我长长地舒了一口气。在狗狗避难所门口,我开始犹豫不决,不知道自己接下来该怎么办？自责感又油然而生。但是，在车来车往的道路上载着露西骑行350英里实在太危险了。我曾经尝试过，但我失败了。当地的狗狗避难所是我们现在唯一的选择。

留下露西守着自行车，我走进一间小办公室，有两个人坐在里面。第一眼我就不喜欢他们，也不信任他们。我比划着解释道：我有一只狗。他们似乎听不懂，于是跟着我走到外面，我指指露西，然后回到避难所。他们点了点头，示意我把她带进来。我走向露西，默默地抱起她。我没法和她说话，因为我必须克制情绪。

我跟着几个男人走到一个房间，里面放满了笼子，装着十几只狗。我站在那儿，抱着露西，一场激烈的辩论在我脑海中不断升级：伊什贝尔，如果你离开她，她会死的……不，伊什贝尔，你已经尽力了。这不是你的国家，你正在环游世界。把她放在笼子里，走吧。

我不喜欢这里的人，而且我讨厌笼子。这些动物看起来并不开心。看着一只笼中狗狗的眼睛，突然间，我做出了决定。我转过身，抱着露西，以最快的速度跑回自行车。听到男人的叫喊声，我并没有停下来，甚至都没来得及把露西放进箱子里。我迅速骑上了车，而露西则跟着车子跑。此时的我想尽快逃开，逃离可怕的人、可怕的地方、可怕的时刻。

逃离避难所之后，我知道我只能带露西骑到350英里外的庇护所。我查了一下谷歌地图，发现一条更长的路线，是一条偏僻的乡村道路，可以避开车流量大的公路，减少危险。但是，在崎岖不平的乡村小路上骑自行车也是有风险的，而且车子会损耗得更厉害。就在几天前，我还站在一个大汽修厂里指着我的自行车每一处要修理的地方，身边围着的都是穿着油污工作服的男人。一位技工拆下了用于"固定"后挂包架与座位柱的袜子，其他人乐坏了，歇斯底里地大笑起来。我也笑了，但不是很大声。

对于一个熟练机师来说，我要修理的东西似乎很荒谬，但是用袜子和扎带"固定"自行车，使我可以骑行600多英里。经过维修，我的车可以继续在柏油公路上骑行。离开公路，我的自行车很可能随时会"分崩解体"。

我深吸了几口气，想着很快就会看到坚实的土路。骑在路上，两旁只能看到灌木丛和树木。

很快，我意识到，这可能是我一生中骑过的最糟糕的道路。我十分后悔。我在火山口大小的坑洞之间穿行，车轮在松散的砾石和岩石上滑动，左摇右摆。装着露西的自行车仿佛在下一秒就会失控，没办法，我必须得快速掌握如何在这种地形上骑行。

骑行时，我不断地提醒自己这条道路几乎没有什么车，骑行很安全。于是，我俩便放心地在这条崎岖的道路上开始了练习。不久之后，我发现自己骑行时，车轮不再到处滑动了，于是我将露西抱回到了箱子里。

我们刚刚掌握了团队合作的诀窍，就听到不远处路边的绿荫在沙沙作响。正当我纳闷为什么灌木丛摇动得这么厉害时，就听到了此起彼伏的吠叫声，很不友好的样子。"不见其狗，但闻其声"，我知道它们就在那儿，听起来数量还不少。于是，我加快了骑车速度，尽量让我俩远离摇晃的灌木丛。

我一边骑一边忍不住回头看，发现一大群狗已经冲出马路，来追我们了。天哪！天哪！天哪！它们是我见过的最愤怒、最凶猛、最野蛮的一群狗。万一被它们追上，我估计我俩都会被撕成碎片。

知道自己骑不快，逃不了，我突然刹住了车，露西也跟着跳了出来。我随手扔掉自行车，转身面对冲过来的狗群。此时，我的生存本能占了上风，这很好，毕竟之前我连鼻涕虫都害怕。我对着冲过来的狗群大声喝斥，想以此来驱赶它们。狗群继续向我们袭来。如果它们没有停下来该怎么办？看着露西站在自行车旁无助的样子，我一个人孤独恐惧的每个瞬间闪过我的脑海。忽然，我感到体内爆发出一股神奇的力量：露西今天一定要活下来!

我尖叫着,仿佛要把那些狗都"杀光"。我快速地向它们冲去。领头犬见状犹豫了一下,停了下来,它们成群结队,疯狂地吠叫着。

我一直向前冲,时不时地跺顿着脚,歇斯底里地嘶喊着,我知道自己马上就要踩到它们了。领头犬看到我这气势居然转身跑走了,其他狗也没了刚才那嚣张的气焰,乖乖地往回跑了。而我却像疯了一样继续向前追赶它们,等到一切都结束了,还没有缓过神。

等周遭的一切慢慢恢复了平静,我才放下手臂,停了下来。站在路中间的我,浑身颤抖,泪水横流。一切都令我震惊,狗、我自己、我的过去。尖叫着要杀死它们,愤怒冲晕了我的头脑,让我感觉糟糕极了。究竟发生了什么事?我没有接种过狂犬病疫苗,万一当时被它们咬一口,我可能会丧命。我明白,如果只是自保,我可能会一动不动,逆来顺受。但是刚才,我是冒着生命危险去拯救露西,拯救一条狗。

我必须确保她的安全。转身走回自行车,我用颤抖的手擦干了眼泪,我知道自己必须继续前行。

露西试图挤到我的自行车下面躲着,结果只挤进去半个身子。我走近一看,她睁大着眼睛,从紫色的自行车架下面凝视着我，我深知那种恐惧的表情。

几个男人开车送我回去时，天色已晚，我寄养所在的村庄早已入睡。我也希望自己睡着了，这只是一个梦，而不是一个无法醒来的噩梦。那是一个周六的晚上，刚好我轮班，在完成了堆放货架的工作后，感觉天色还不算太晚的我便决定走路回到寄养的家庭。正在这时，一辆深蓝色的汽车停了下来，里面的人说他们是从格拉斯哥来的，要开到湖边扎营，但是迷路了。即使离湖边只有五分钟的路程，这些人还是不明白该怎么走，并请求我带他们去，他们和我说一定会把我送回来。他们看起来年龄有些大，五十岁左右，所以我相信了他们，因为我从小就被教育要乐于助人，尊重长者。

然而，现实却是他们并没有直接把我送回来。

终于，他们送我回来了，走的是我每天校车走的那条路。车停在我的寄养家庭附近。"他们居然知道我住的地方。"多年之后，我才突然意识到：他们让我带路是在说谎。

我打开车门。他们告诉我，会再见的。当时我只想回家，但是我却没有一个真正的家。下了车，我沿着陡峭的车道走到我的寄养家庭。突然，司机下车叫我回去。我转过头去，害怕有人听到了。他还想要别的东西。

"不要，我不要。"我小声说。

他站在房子的正前方和我说话，我感到恐慌，害怕寄养的家人会看到他。从小我就知道，有些事情必须保密，否则会变得更糟。

我回头看了一眼我的寄养家庭，很想进去。但是长长的车道两端，仿佛是两个不同的世界。我要他们走开，不要被人看到。

"我真的不要，请走吧！"

他答道："这是最后一件事，然后我们就走。"

我神情恍惚地走回了家，跪在地上。我好像去了一个很远很远、冰冷无情的地方，但是现在我渴望一些东西，胜过渴望回家。我想死。之后，我在黑暗中慢慢走上车道，恳求上帝赐予我力量自杀，来结束这场噩梦。

如他们所说，那些男人又回来找我了。周六，在我去商店打工的路上，一辆停着的汽车里有人探出头来喊我。我惊慌失措地转身。车后座上有一个陌生人，长长的白胡须，大约70岁，兴奋得两眼发光。我顿时感到一阵恶心。他们叫我上车，说为了见我走了很长一段路。我摇了摇头，开始后退。他们笑着说我必须进去，因为他们等了我很久。我大声说"不"，声音大得惊人，然后拼命地跑开了。

我知道，所有的这些都是我的错，因为我太糟糕了，但我仍然很害怕。身边都是陌生人，包括我的养父母，我与他们不够亲密，亲密不到向他们说起这些男人。也许那些人正是知道这一点，才专门针对寄养孩子下手的，因为那样更安全。我好怕，我知道他们还会再回来找我的，而下一次，他们就不会让我这么轻易地逃走了。

我的寄养家庭非常支持我完成学业，但是也对我坦诚了他们的收养动机。我的养父曾是律师，养母曾是会计师，两个人本想带着两个小孩提前退休。但是不到一年时间，他们就体会到了"早退休"生活的捉襟见肘。他们在报纸上看到一则有关寄养家庭报酬的广告，就开始行动了。他们并不是因为爱而照顾我。我不知道为什么他们的动机会对我影响这么深。被母亲抛弃，不得不离开家，现在我和一个新家庭生活在一起，而他们只是为了赚钱才照顾我罢了。对我而言，除了真正的爱，我什么都不想要。

我把自行车从露西身上移开，她快要被吓疯了，上上下下地舔着我。我知道，即使冒着生命危险我也会一次次地保护她。我一个人会很恐惧，但是我有露西要保护，肾上腺素克服了恐惧。我会尽我所能来保护她。

从那之后，我一直很警惕攻击性狗群。土耳其农村有很多这样的狗群。每遇到一群，我都会停下来，下车，朝向狗群冲去，挥舞着手臂大喊："我不怕你们！我不怕你们！"我发现只有一个办法可以让露西活着，那就是我必须自强。无论面对多大的危险，我都必须自强。

我们穿过了一个个村庄，到处都是倒塌的房屋。自行车显得格外重，我感到疲惫极了，露西也因奔波受了伤。即便如此，在箱子里的她还是更喜欢坐着，这样可以欣赏沿途的风景。她还时常不吱声就跳出箱子，这让我感到很不安，万一有汽车驶过或是恶狗出现，这都是非常危险的。

渐渐的，我熟悉了越野路况，开始了日常骑行。将露西装进箱子骑行几英里，她会变得很不安。那时，我就会放下她，让她走会儿，舒展一下筋骨。露西似乎很喜欢跳下箱子的闲暇时间，但我注意到如果她走的时间太长，就会不舒服，所以一旦她充分伸展了双腿，我就会把她放回箱子里。

如此，一英里又一英里。

傍晚，我拖着疲惫的身躯一路上坡。到达坡顶后，我决定先休息，再骑自行车去营地。我想确保自己每天骑行足够的距离，露西感觉不太累。

我把自行车推上了一条土路，穿过一个小洞口，有一片树篱包围的空地。景色很美,我把自行车靠在树上,然后欣赏起美景来。阳光从的绿色山谷中反射出来,到处都是草地和农田,周围绿树成荫。只有一台拖拉机,还在远处耕耘。我心满意足地感叹:"这风景是我辛苦骑行一天的奖励。"

然而,自行车靠在树上时,轮胎突然自己就爆炸了。糟糕!露西已经累了一天,靠着自行车,很快睡着了。我也精疲力尽,环顾四周,想着:管不了那么多了,就在这里扎营吧!

于是,我便坐下来欣赏自己的"宽银幕电影",大自然是主演。露西醒了,向我走来。她靠着我的膝盖,半躺在地上又打起盹来。她睡觉时,我抚摸着她的头,我们之间的感情令我惊叹。坦率地说,我甚至都不是什么爱狗之人。当年,我搬到前男友的家中时,非常清楚地表明,他与前妻共养的拉布拉多犬一周只能有一晚待在屋里。当前男友问我为什么时,我耸了耸肩,解释说我不想与狗共用一个房子,因为我觉得它很脏,这样就会迫使我不停地洗手。就在这时,露西的爪子用力地挠着她的耳朵,跳蚤缠身的狗狗趴到了我的腿上。我抱紧她,心想:我爱你。

我煮了晚餐和露西分享。或许是太饿了,她终于从碗里直接吃了,而不是从地上或垃圾袋里吃了。我悄悄地庆祝了这次喂食的"成功"。

夜幕降临，我搭起了帐篷，坐下来，看着太阳从山谷上落下，天空变成了艳丽的粉红色。在野外露营时，我经常会感到焦虑，但今晚露西在我身边，我没有丝毫恐惧。我发现，静静地享受夜色是一件令人愉快的事情。

我对露西说了声晚安，并给了她一个深深的拥抱。她仍然拒绝和我一起睡在帐篷里，而是趴在帐篷外睡觉。

第四章

黑暗中，我突然被惊醒了，摒住呼吸，静静地躺在睡袋里，靠声音判断外面的场景。不远处有男人的吵闹声，喝醉了在大喊大叫，还有发动机的轰隆声，也许是拖拉机的声音。按理说，我们隐藏得很好，在一个很隐蔽的地方扎营，树篱和树木围绕在四周，目力所及都是空旷的田地。没有人知道我在这里。

有人开始大喊大叫，而且越来越大声。我紧闭双眼，假装什么都没有发生。他们不可能对我大喊大叫，但是除了我还有谁呢？我想数一数到底有多少人在叫嚷，但是声音实在是太多太杂了。我意识到，那一刻，无论发生什么事情，都可能无法控制。我躺在帐篷里，希望声音赶快消失。还有，他们会伤害我吗？

我知道男人想要伤害我时的感觉。看着拳头朝我的脸过来，我无能为力，因为我的脖子被卡住了。那一瞬间看不见拳头，鼻子被压，被卷在地毯上，不知道接下来会发生什么，然后被踩踏，失魂落魄。尽管我全力反击，但精力耗尽却无济于事，最终我明白了最好还是不要反击。

哦，天哪，他们肯定是在向我喊叫，我从一开始就这么觉得，我的思绪又跳回目前的处境。我很恐惧，躺着一动不敢动。我想到了露西，她独自在外面，听不到她的声音。她有危险吗？他们会对她做什么？我满心希望露西能在帐篷里陪着我。因为这样我就可以在帐篷里蜷成一团假装这一切都没有发生。但是露西在外面，我必须确保她没事。

慢慢地，我拉开了入口拉链，每次弄出声音时我都会定住不动，害怕使我的脸有些扭曲了。我还是停了下来，不敢向外看，害怕会引起别人的注意。但是为了露西，我不得不窥视一下。我看到了一台拖拉机，它的发动机在运转，灯光照亮了周围。几个男人站在后面的挂车上乱跑乱跳，举起啤酒罐，朝我的帐篷大喊，满口脏话。

　　我看不到露西。这些人并没有离开。我不得不做些能改变现状的事情，就像当初对那群攻击我们的狗一样，我愤怒地大喊了一声："走开！"

　　一个操着浓重英语口音的男人喊道："你想要我吗？你想要我吗？"其他人则大笑了起来。

　　他们开始跳过挂车的侧面，越过田野朝我的帐篷走来。天哪！希望露西逃到了安全的地方。我谁都不想求，什么都不要发生，请不要发生。

　　一阵深沉的咆哮穿过夜空。这些人僵住了。咆哮声越来越大，甚至令我都感觉到恐惧。露西的身影出现在黑暗之中，慢慢地向男人移动。哦，天哪，露西，请不要那样做。

　　她挡在男人和我的帐篷之间。我准备好了，如果其中任何一个男人动她，我都会竭尽全力还击。

　　露西放低了她的前腿和头部，仿佛正准备猛扑，一副怒不可遏的样子。我大喊着"Köpek！Köpek！"，那些男人见状飞快地转身跑开，启动引擎，跳回挂车，随即消失在黑暗之中。

　　露西始终保持着那个姿势，耳朵和鼻子都竖了起来，而我则一动不动地待在原地。终于，她转过身回到我身边，低头舔了舔我的手。我用力地抱着她，一遍又一遍地轻声说着"谢谢"。这只流浪狗比任何人都强，她救了我。

我邀请露西进入帐篷里，但她拒绝了，又回到了外面。我想知道，她在我睡觉时是否在守护着我。我回到睡袋里，却无法入睡。如果这事在两天前发生的话，估计露西就不会保护我。我回想起我们的第一次见面，跟着自行车，露西竭尽全力地追赶着我。我们俩到底是谁在救谁呢？

🚲

16岁，我在寄养家庭时迫切渴望得到救助。从男人那里逃出来的那一天，我在乡村电话亭给妈妈打了一个电话，恳求她让我回家。我说我会很乖，一切都听她的，绝不质疑她，我会成为她心中的好孩子，如果我不听话，后果自负。但是，她拒绝了。我哭了，乞求她再给我一次机会："我会很乖，我保证会很乖。"但是，她说不行。她说，你必须改变。如果你不改变，坏事肯定还会发生。我很绝望，告诉了她我不想说的真话，坏事已经发生，男人们让我做了很糟糕的事情。她顿了一下，然后还是重复着那句话，你必须改变，否则这些事情会一直发生在你身上。她的语气使我无法忍受她的同情，好像在说我一定是个坏女孩。那一刻，我知道自己永远不会回家了，我的内心崩溃了。

在和妈妈通完电话后，我满脑子想的都是自杀，而不是做作业。我呆坐在寄养家庭的卧室里几个小时，凝视着刀片，恨自己：我是如此可怕的女孩，所以我的亲人也不喜欢我。我将刀片按在手腕上。我知道必须垂直割，只要一小刀就可以结束一切，我就不会身处这个地狱了。但可悲的是，我连割下去的胆量都没有，这让我更加憎恨自己。

没死成，我不得不对付那些老男人们，只有摆脱寄养家庭，才能做到这一点。尽管前途已被毁，但我仍然没有放弃读大学的梦想，我的学校所在的城镇仅在20英里之外。

但现实是，我才出了虎口，却又进了狼窝。

第五章

第二天，我早早地醒了。经过昨晚的遭遇，我急于离开这个是非之地。

我开始收拾东西，不时地会和露西玩一下。她很快适应了这个环境。一辆蓝色的大拖拉机驶入田野后停了下来，正当我把帐篷栓从地面拔出时，我看见一个男人从拖拉机里爬了出来，一瘸一跛地向我走来。我猜不出他是高兴、生气还是冷漠，因为离得太远了，我看不清楚。

他走了好一会儿才走到我这里。当他过来时，我才看清他已是年老体衰。他什么也没说，惹人厌的一笑掩盖了他那漆黑的皮肤和皱纹。我问了声好，但他只是一直微笑。我们就那样站了好一会儿，直到最后我礼貌地找了个理由，解释说我还要骑行很多英里，准备收拾行装离开。我不知道为什么要说这些，毕竟他可能什么都听不懂。

我弯腰从地上拔起另一个帐篷钉，就在这时老人突然冲了过来，用手掌拍了一下我的屁股。我震惊地跳了起来。他仍然面带那种讨厌的笑容，眼睛疯狂地闪烁着。我想吐，理智被愤怒吞没了。我疯狂地向他骂道，他是一个令人作呕的老人。他震惊又恐惧，转身要跑回拖拉机，但是他年纪太大了，只能跛行。我从未见过有谁跑得这么慢。当他到达拖拉机并开走时，我开始欢呼雀跃起来。露西躺在草丛中注视着我，没有动弹，也许这时候她知道我不需要她来救我了。

我拆解完帐篷，环顾四周。薄雾从周围的山丘中升起，吸一口清晨的凉意，摒弃了昨晚和今晨的遭遇所带来的坏心情，我享受着此刻的静谧，然后出发，迎接未来崎岖不平的艰难路程。穿越野外，骑的却是专为柏油路设计的铝制城市自行车，没有悬架、薄薄的轮胎、很小的胎面、超重的行李，再加上前轮上方蔬菜箱中45磅重的狗，我们的行程真的进行得非常缓慢。

拯救露西

一天早上，我还没骑多久就开始发烧了。土耳其的冬天比苏格兰最炎热的夏天还要温暖。我从未尝试过这么艰难的骑行，前方仍有330英里的路程。每次我骑到陡峭的山坡时，经过突如其来的砾石路面，我的车把就会不自觉地左右摇晃。露西和行李的重量并不轻，我无法骑快或调整动作，在短而陡峭的山丘的崎岖地面上骑行真的很难。为了让骑行变得轻松一些，在遇到最陡峭的山坡时，露西会主动下来走路。

漫长的跋涉过后，我终于来到了一个小村庄，累得满脸通红。停下来喘气的间隙，我看到了一群牧羊人，他们的牲畜就在前面。尽管天气炎热，但我还是在背心外面套了一件羊毛衫，宁可冒着热得自燃的危险，也不想引起他们的注意。不管多么坚信选择的自由，然而一个单身女性，在异国他乡探险，如果穿着能入乡随俗，顺应天气，就会过得轻松不少。

我曾加入伊朗自行车国家队。由于性别，女性被禁止做很多事情。比如，不允许在公共场合唱歌跳舞，甚至是露出头发。妇女，包括我的一些队友，甚至因骑自行车而被捕。土耳其的习俗令我感到惊讶。我以为，没有法律强制规定必须戴头巾，女人就不会戴头巾。但我在土耳其农村看到的每个女人都戴着头巾，这使我想起了父亲和伊朗。

当我还穿着尿布湿时，就开始了"骑车"生活。父亲家是小康家庭，每月给他一笔钱，支持他读书，后来这笔钱被迫终止了，而父亲即将为人父。一夜之间，我们家陷入了极端贫困的生活。

自行车，对于我们的生活而言是很重要的工具。当我还是个婴儿的时候，就被父亲绑在他的自行车后座上，穿过繁忙的城市，去城市的另一头买土豆，只为能便宜几美分。然后，他将一袋重重的土豆捆在我身后，穿过拥挤的车辆和人群，骑回家。

爸爸完成学业后满怀希望，却没找到工作。在我2岁那年，全家人别无选择，只能从英格兰搬到苏格兰，以便爸爸可以为他的岳父工作，成为家族企业的屋顶工。我们的小村庄周围是农田，附近有一个大郊野公园。放假的时候，我坐在爸爸的自行车后面，呼吸着新鲜的空气，而这远胜过英格兰的城市烟雾。

我的思绪瞬间又被拉了回来。经过山羊、母牛和牧羊人的牧群时，我深吸了一口气，然后屏住呼吸，希望露西也知道屏住呼吸。经过牛群，我看到左边的茶舍里坐满了黑色胡须的男人。这些人停下喝酒，转过身默默地盯着我。我有意识地凝视着前方，沿着乡村小路离去，但骑着骑着，我又经过牧羊人，再一次到达了茶舍。我很想知道，这个只有一条街的村庄，为什么就是找不到出口呢？尴尬之下，我的脸红了。这些男人再次望着我，可能他们想知道我是谁，为什么围着他们的村庄转悠，应该不可能是迷路了，那她这是在做什么？

🚲

事实是，我的确迷路了，就在这个只有一条街的小村子迷路了。

我在露天茶舍外停了下来，指着大型的银色茶饮机说了一个词"Luften"，意思是"请"。一个男人走过来，礼貌地微笑着，递给我一杯热的土耳其茶。走进茶舍和这些小胡子男人一起喝茶，会让我觉得不自在。于是，我干脆站在自行车旁边喝，这样，万一有任何麻烦，我可以随时骑车溜走。

我全神贯注地享受着每一口茶，二十个男人望着我，露西躺在不远处的阳光下看着我。

那时，我还不知道这里是禁止女性进入茶馆的。我要是知道的话，我肯定会进去坐下来喝茶。在伊朗，因为我是女性，我被告知了太多次"不允许"。

我记得伊朗警察曾试图阻止我骑自行车。我当场决定宁可入狱也要骑，我甚至还和警察大喊："我要骑车！"显然，只能二选一：要么我被逮捕，要么骑车离开。警察们因为我用英语大喊而变得有些犹豫，外国人身份确实为我提供了一些保护。一个骑自行车的女孩不值得媒体大肆抨击。所以，我得以继续骑行了。

在我喝茶时，从茶舍里走过来一个人对我说话，但我不知道他在说什么。他走到茶舍的旁边，站在一组高大的绿色金属门前。他轻轻地打开门，招呼我跟着他。我摇了摇头，站在原地。他进到里面，过了一会儿又出来，再次招呼我进去。我假装不明白他的意思。男人接着打开了门，我瞥见一个女人站在院子里，她的眼睛四处乱扫，就像她不想被看见一样。我们互相看着，她微笑着，张开双臂招呼我。

第六章

女人的微笑很温暖，立刻获得了我的信任。我骑着自行车，穿过绿色的大门，进入尘土飞扬的院子，露西缓缓地跟在后面。院子里的鸡跑来跑去，我瞥了一眼露西，"鸡飞狗跳"可能是"灾难性"的，令人欣慰的是，她并没有理会那些鸡。

女人和我在院子里面对面站着，她戴着头巾，我推着自行车。她用怜悯的眼神上下打量着我。我不自觉地向下看了一眼，发现衣服上满是破洞，我回头看她时，她笑了。她伸出手，轻轻地从我的头发上拿下来一片叶子和树枝。说实话，我都不知道这些东西是怎么弄上去的。可话又说回来，我都不记得自己上一次梳洗是什么时候，我甚至都没有自己的梳子。

那个女人穿着典型的土耳其乡村的服饰——芥末色羊毛开衫，搭配长羊毛衫和宽松长裙。她的头上裹着一条围巾。她指着自己说"艾松"，我指着自己说"伊什贝尔"。她向我示意跟着她走上房子那陡峭的台阶。我点点头，跟着她进去，让露西保护好我的自行车，她非常认真地照看着自行车，从未离开很远。

艾松领着我进入一间卧室，里面摆放有现代衣橱和带镜的梳妆台，所有的这些，似乎都与外面那座残垣断瓦的村庄相去甚远。她拿出一些衣服，堆在床上：一条巨大的传统土耳其裤子，黑色，上面有鲜艳的粉红色花朵；一件长衫外套、厚羊毛开衫、白色背心和一条大白裤子。我笑了，但内心却被吓坏了。这些衣服是给俄罗斯的冬天穿的，而不是闷热的土耳其。

艾松指着梳妆台上的梳子，把我带到淋浴房，递给我一些洗护用品。当看到肥皂和洗发水时，我兴奋不已。我上一次真正的淋浴是在200英里外的伊斯坦布尔，平时我每天都只是用湿纸巾擦洗。

淋浴又热又舒服。我享受着洗澡的每一刻，同时也想尽快洗好，因为我不想用光所有的太阳能热水。我关掉淋蓬头，刚要开门就传来一阵敲门声。过了一会儿，我有点害怕，但还是鼓起勇气，围了一条毛巾，打开了门。

⚲

艾松站在那儿，示意我跟着她回到卧室，她让我穿上衣服。我穿上了白色的裤子，这条裤子可以到我胸部的位置。如果我用力拉伸一下，它甚至可以遮住我的头。我咯咯地笑着，不得不用手遮住嘴巴保持安静。我穿好背心、裤子和上衣，将那件令人窒息的毛衣留在了床上。

干净的衣服贴在皮肤上的感觉很棒。我伸手去拿梳子，试图梳头，但很快就放弃了。然后，我坐在床上，手指扭来扭去，对完全陌生人的友善感到有些不知所措。我想到在寄养家庭时，父母从未来看过我。我问他们为什么不来看我，他们的回答是他们离我所在的村庄太远了，而我当时对这个答案深信不疑。但是现在我意识到与家人之间的冷漠比起来，40英里的距离并不是很遥远。

在厨房里，艾松忙着煮鸡蛋，桌上放着面包、奶酪、果酱、橄榄和茶。她让我坐下，把鸡蛋递给我。我不想没礼貌，但是我知道露西还没吃饭，我不能独自享受早餐。我朝门口的方向做了个手势，把一半的鸡蛋、一点奶酪和一些面包塞进了餐巾，然后走出去。看到露西饱腹后躺在阳光下，我高兴地回来吃光了传统的土耳其早餐。

之后，我们一起坐在客厅的蓝色大沙发上，墙四周挂着艾松家人的照片。我们的眼中传递着尊重和赞赏，跨越了语言障碍带来的尴尬，我们比划着手势交流了起来。她模仿在田间劳动的动作，还向我展示她的劳作伤病，拉起毛衣，给我看她的后背，那儿的伤是最严重的。

我会综合疗法，可以看出她背部的肌肉紧张。示意她坐下后，我轻轻地按摩起了她结实的肌肉。艾松非常感谢我给她做的按摩，她紧紧地拥抱了我。

然后，她自豪地向我展示了她在读大学的孩子的照片。我看到她的眼神，那一刻，我明白了。她所做的这一切都是为了她的孩子。她在田野里劳作，承受着所有的痛苦，都是为了使她的孩子有更好的生活环境。

我想到了妈妈：自从父亲失踪，从未给过她任何钱，经济很困难，还要照顾我们。即便如此，我7岁那年还是收到了我的第一辆"大女孩"自行车。妈妈辛苦攒钱将它买了下来，送给我。"大女孩"是粉红色的，前面有一个白色的篮子，我的玩具熊可以坐在里面。

这辆自行车我骑了很久，不是因为我有多喜欢骑自行车，而是因为当时我很想骑马，所以把它当成了马。

"驾！快走！"当我自由自在地在街区之内骑车时我都会这样喊。我必须尽可能快地骑自行车，使自己更相信我在骑马。有时，我会放慢脚步，让我的"马"小跑着并喘口气，但大多数时候，我更喜欢感觉到脸上的空气和腰间的棕色头发在我身后飞舞。

我向艾松解释说，我必须出发了，因为在天黑之前，还要骑行很多英里。她出去了一会儿，拿回来一捆奶酪和面包。我感谢她，并示意我要换掉身上的衣服，但她拦住了我，坚持要我穿着。我用力地摇了摇头，但艾松又出去了，还带来一件羊毛衫。

她退后一步，等我穿上它。我试图解释说我是苏格兰人，不需要在土耳其的高温下穿羊毛衫。她却只是默默地站在那儿，微笑地等待着。我叹了口气，穿上了毛衣。她还做了一条大围巾，将它盖在了我的头上。那一刻，我认为没有人像她那样幸福地看着我。我透过镜子看着这个帮助我的老奶奶，感慨生命中的奇遇。

我确定，当我抓住自行车时，露西看着我的样子很有趣，她认出我来了吗？艾松带着我走到大门口，然后站在一边，这表明茶馆里的男人不允许她出现。这让我感到难过。她似乎一生都是囚徒，但令我感到安慰的是，她能住在这所漂亮的房子里，而别人却住不了。

我们互相道别。回到了茶馆前的那条街上，那里的人们仍然坐在那里。艾松的丈夫走了过来，洋溢着喜悦和自豪，对我的外表改善做出了大大的赞赏手势。我对他表达了感谢之后，骑着自行车走了，露西则在一旁小跑。我必须尽快离开村庄，以便脱掉这些令人燥热的衣服。

几分钟后，正当我准备脱下毛衣时，两个孩子出现在我身旁，骑着一辆旧摩托车，没戴头盔，用幸福的微笑为我加油助威。我微笑着回头，满头大汗，感觉时间仿佛凝固了，他们终于和我挥手道别回村里去了。我立即刹车，在确定他们已经消失在我的视线里时，脱下了闷热的衣服。

我继续骑行，满脑子都是那个女人为了孩子整天在田里干活，腰酸背痛的画面。

爸爸第一次离开时，我才四岁。他在半夜悄悄溜走，留下了一张纸条说，他太厌恶妈妈了，不想对她说再见。当时，妈妈正怀着我的弟弟罗里。她不知道自己做错了什么，但是当她不经询问就换了电视频道时，他很生气。爸爸非常讨厌妈妈，有时好几周都不跟她说一句话。

罗里出生前一个月，妈妈告诉爸爸，如果他现在不回家，那他就永远都别回来了。于是，爸爸回家了。

我们一家人在公园里野餐、玩游戏、大笑、喂鸭子，度过了一段美好的时光。所有人都以为爸爸一定是改变主意了，他不会离开我们，因为我们足以让他留下。然而，几个月后的一天，爸爸却拿起了他的包，和我们说了声"再见"。是的，他又要离开了。

他慢慢挪向大门，因为我的弟弟加文抱住他的腿，尖叫着："别走，爸爸，别走。"我瞥了一眼，然后继续画画。屏住呼吸，咬住嘴唇，专心画马。突然间，"忍住不哭"成了世界上最重要的事情。

离艾松和茶馆几英里外，不知道是什么地方，车胎爆了。

糟糕透了！真是倒霉！此刻，我骑行了数百英里，跨越了13个国家，但从未真正补过胎。每次爆胎，我都是用新轮胎换旧轮胎。但是，现在的我已经没有新轮胎可换了。

通常，不知道如何补胎并不会困扰我，因为周围总是有乐于帮忙的人。但是在土耳其，我没见过骑自行车的女人，又不想让男人去为我补胎，因为到目前为止，经验告诉我，他可能会要求一些回报。这足以激励我最终学会如何自己解决补胎的问题。于是，我进入了一块堆满石块废墟的田野，将自行车靠在上面。

我花了很长时间才找到一个洞，里面的水还不够一桶，但毕竟是找到了。我高兴得跳起胜利的舞蹈以示庆祝。我把修理好的内胎放回轮胎，露西和我一起吃了些奶酪面包，我们再次出发了。

刚骑出田野，我的前轮胎再次破了。我沉重地叹了口气，在路边补好胎，再次出发。结果，它又一次破了。这一次，我发怒了。我已经受够补胎了，最好的行动计划是停下来给我的轮胎打气，再打气，直到抵达下一个城镇，去购买新的内胎。

那天下午晚些时候，太阳灼热。我张着大嘴朝向天空，站着，挤压着空水瓶。最后一滴水已经被我喝完了，但是我依旧站在那儿，好想再喝一口。热浪、重压、灰尘、坑洼、碎石、破胎、山路，我在挣扎着。好渴，嗓子灼烧得厉害。

一辆白色的汽车缓缓驶过，然后停在我前面。一个男人下了车，我立即警惕了起来。他又矮又胖，秃顶，五十多岁，衬衣领口敞开着，衬衣下面被塞进灰色的裤子里，黑色鞋子上布满了灰尘。

他笑了。我犹豫了一下，然后问他要"su"，意思是"水"。他点点头，伸手打开了车门。他笑着掏出一瓶水，站在原地，示意我过去拿。我俯身靠近，伸手去拿。他却把拿水的手收了回去。我疑惑地看着他。他开始摇晃起瓶子，高兴地唱道，"玩一玩吧，玩一玩吧。"我又厌恶又愤怒，脚踩踏板，打算骑走。这个男人看上去很困惑，他指着我和他，再次重复着他的歌。我使劲地摇了摇头，骑车离开，露西则在我身旁小跑。

当我听到背后汽车发动机的声音时，我突然意识到这条路太过狭窄，几乎无处躲藏。噢，天哪，当汽车从后面驶来时，千万不要撞到我。我屏住呼吸，每一块肌肉都紧绷着，随着汽车驶过，我终于长舒了一口气。

骑过下一个拐角处，我看到水从路边一堵石墙的管道中流出。我放下自行车，朝水管跑去，跪了下来，用双手将水捧到嘴边，一点也不在意这水是否适合人类饮用。我装满了所有的水瓶，包括用来淋浴的两升水瓶，因为现在有了露西，我不想让她随意地在泥泞的水坑里喝水。

喝完水后，我们精神焕发，又回到了路上。尽管我的车技随着练习有所提高，但仍需要全神贯注地将露西放在我的前轮上。每次蹬车的时候，我都在关注三件事情：露西、道路和周围环境。我会用自己舒缓的声音来控制露西，尽管她可能完全不会听你的。有时她想要站起来，而我不得不迅速减速，让她放松下来。大多数时候，我会用一只手骑自行车，而另一只手抚摸着露西。当然，我要时常关注车轮前的路况，因为坑洼、颠簸、碎石和岩石对公路自行车上的任何骑车人来说都是危险的。

我到达了当时看到的最美丽的景点之一的交界处时，一条平坦的柏油碎石路呈现在我眼前！它看起来很棒，而且我想象着自己在上面骑行，不会上下颠簸。光滑的柏油碎石意味着我不必将太多的精力放在道路上，从而可以让我的精神和肌肉得到一定的休息。

一个大的广告牌在交界处隐约可见。这将是一个理想的露营地，因为它可以把我隐藏起来。经过那一晚，我再也不想让别人看见我的帐篷了。我决定明天再在平稳的柏油路面上骑行。我筋疲力尽，不仅因为骑了一天的自行车，还因为彻夜未眠。

我搭好帐篷便立即躺了进去，打开入口，一只手伸到外面逗弄露西，她正躺在帐篷外的小长廊上。太阳下山时，我看着她，想知道她都经历过什么事情。是什么使她走路如此奇怪？她那畸形的爪子看起来好像已经被翻转弄平了。但是孱弱跛腿的原因似乎是她的臀部。当我把她带到庇护所时，我要让兽医彻底地给她检查一下。

她是如此瘦弱，如此害怕周围的世界。我怀疑她的尾巴是否还能用，因为它总是藏在后腿里面。我想知道当她遭受如此痛苦时是否独自承受。我希望她不会孤单，但是很明显她之前遭受了不少痛苦。

那天晚上，她还是拒绝睡进我的帐篷，而是待在外面守护着我。但是，晚上至少有三次，她试图用鼻子推开我的帐篷门。当我打开帐篷时，她只偷看了一下，给了我一个吻，然后就出去继续守护我了。

第七章

早上醒来，知道会见到露西，我很高兴，急切地拉开帐篷的拉链。她在等我，尾巴一转一转的，像一个直升机。她的尾巴还是健康的！她把头埋在我的帐篷里，迎接早上的拥抱。我很迷糊，但很高兴能和她在一起。旅行对她而言是不利的，带她一起骑自行车，对我来说当然也是一件难事。但是，再辛苦也值得，露西不再流落街头，暂时过上了安全的生活。我知道在这个现实世界中是没有绝对的安全感的，掠夺者往往藏在看不见的角落，等待着易捕的猎物。

我从帐篷里爬出来煮咖啡,回到帐篷里时我很高兴地看到露西在里面熟睡。然而,我的喜悦只持续了片刻,我想起她身上的跳蚤,她立刻变得"恐怖"了起来。我的本能是尽可能快地"挪开"她。

我冲向帐篷的入口,又停了下来。她看起来睡得很舒服,浑身的跳蚤不是她的错,而且"愿意进帐篷睡觉"是她向前迈出的一大步。于是,我没有动她,而是坐下来,决定"分享"她的跳蚤。我告诉自己,在经过下一个小镇时记得为她找到治疗跳蚤的办法。

在让她睡了一会儿后,我便迫不及待地想要开始新的一天。快速收拾好行装,我踏上了光滑的柏油马路"天堂"。没有了颠簸越野的不适感,我的身心都变得愉悦了起来。每当听到卡车的声音,我都会停下来,踩着踏板,靠在车把上,将露西抱在怀里。她在我怀里时,从不害怕。我喜欢让她感到安全。

🚲

我7岁那年,去了父亲在英国的家中。我和弟弟两个人在一个房间的地板上玩玩具。爸爸的一个朋友进来了,他让我坐到他的膝盖上。当我坐好时,他的手偷偷地向我的大腿内侧移动。那一刻,我深知自己是一个糟糕透顶的女孩。就这样,我开始讨厌自己。

9岁那年,我用绝食来惩罚自己的"罪恶"。11岁时,我想到了死。13岁时,我憎恨、厌倦自己,开始想办法自杀。不过,我还是想做一个好女孩,想取悦妈妈。但是在14岁时,我的内心发生了一些变化。对我来说,质疑变得比成为一个好女孩更重要,而妈妈却生气地想要重新掌控我的生活。

我在家里很痛苦,但在学校却迥然不同。我是一名优等生,每年因出色的成绩而获奖,我的学习成绩总是名列前茅。我觉得我注定是一个要做大事情的人。尽管家里发生了很多事情,但我却在学校里拼命学习,因为我希望自己能获得学位和一份好工作。学校是我的希望,也是我的解脱。

🚲

踩了几英里后,我踏入了繁忙的城市,遇到了交通高峰。我不得不全神贯注,以免撞到路边随时会停下来的车辆,或突然打开的车门,或只顾着低头玩手机的路人。和往常一样,人们指着我笑,我感到既尴尬又气愤。我告诉露西,她是一个好姑娘,不要理会那些人。告诉她这些,其实也是为了让我自己专心。

到了一个左转弯处,我停下来查看手机上的谷歌地图。通常,我只在超大城市中查看地图,主要是因为如果在一条七车道的路上错过了出口，事情就会变得麻烦而困难。除此之外，我很少使用地图。

我第一次去国外旅行是去法国的比利牛斯山脉。独自一人，因为最好的朋友不得不在最后一刻取消行程。她具备旅行中所有的常识，包括如何阅读地图。我开始尝试使用她的地图，结果发现自己整天都在迷路。我扔掉了地图，反而再也没迷过路。我的骑行目标改变了，踏上了另一个国家或大洋的大方向，一切都在惊喜之间。这更符合我的个性和技能。但是在这里，对于露西来说，时间是一个重要因素，遵循地图可以使我们更有效率。

我向左转，面对的是巨大的爬坡。通常，在陡峭的山坡上，我会把露西抱出箱子，以减轻负担，但是这一次，我把她放在箱子里。因为在柏油马路上，我骑车的速度比她走路的速度快得多。

爬坡带来的伤害超出了我的预期，但我一心想为露西购买治跳蚤的药。最终，在漫长空旷的道路上，我发现了一家商店。于是，我在店门口停了下来。

我将自行车靠在入口旁的墙上，然后跪在露西旁和她说，想让她安心在门口等着。因为之前，每当我让露西等在商店外面，我去室内用洗手间或买食物时，她经常会"擅离职守"，跑到周围某个地方躲起来等我。然后，当我踏上自行车时，她会尽可能快地奔跑着追上我。起初，这让我有些焦虑，但是我意识到她总是在某个地方注意着我，我知道她会再次追上我。但是，这一次我希望露西感到安全，所以便耐心地和她"解释"让她安心，告诉她一切都好，她不需要再躲起来，因为她和我在一起很安全。

我们的默契令我满意。我快速走进商店，为露西买了金枪鱼罐头，给我自己买了面包。付完款，离开商店时，我看到商店老板正拍着手驱赶露西。露西一边跑，一边回头看着商店的入口。我一边大喊"嘿！那是我的狗！"一边奋力地向那名男子挥挥手，表情十分愤怒。他停止了挥手，整个人呆在原地，我放下手臂，赶紧回到自行车上。露西远远地跟在我后面，保持着一定的距离。

我慢慢地骑行，露西像往常一样开始向我跑来。她一靠近我，我就靠边停下，然后抱起了她。一想到之前告诉她会很安全，可以信任我之后，便有人故意吓她、赶走她，我就感到非常可怕。人们为什么对狗如此恐惧？我无法理解。我翻出了一件漂亮的衣物，一条我深爱的柔和围巾，将它轻轻地绑在露西的脖子上。我希望这能成为一个标志，告诉人们这只狗有主人。

我骑车进入距土耳其西海岸150英里的耶尼采镇，穿越恰纳卡莱地区向南行驶，骑入加油站为手机充电。几个男人，身着猎装和步枪，坐在加油站咖啡馆外的红色塑料桌子旁吃早餐。一个人会说一点英语，他向我介绍了他们，并高兴地解释他们正在狩猎。我不喜欢打猎，所以不太喜欢这些人。

他问我在做什么，我解释说我来自苏格兰，正在环游世界。当我这么说的时候，没有人相信我。一个女人环游世界，对于某些人来说，简直太荒谬了。人们总是问我丈夫和孩子在哪里，而我的回答"两个都没有"震惊了他们。他们邀请我坐下。其实，我并不喜欢和他们坐一起。无奈，没有其他更好的地方可以坐下来看着手机充电了。我和露西打了个招呼，她不会靠近任何商店的门口，而是挨着自行车看着我。

这些人吃完饭了，我问他们是否可以给我的狗吃他们的剩饭。在得到肯定的答复后，我拍了拍膝盖，叫露西过来。男人看到她跛行，爪子变形，很担心。我讲了我们的故事，一个人翻译给他的朋友们听。他们问我是否要他们射死她。我礼貌地拒绝了，告诉他们如果他们射死了露西，我将亲手杀死他们所有人。除了我，每个人都笑了。当他们看到我是认真的，解释说其实他们也喜欢狗，只是希望让露西少受点苦，早点解脱。

一辆小型警车驶入加油站。这是我遇到的第一个驾驶员不要求回报搭便车的机会。就算载我们10英里也会让我感激不尽。我走过去，询问他是否可以把我和露西带到下一个城镇。他拒绝了，我当时很绝望，转过身，痛哭了起来。猎人们问我为什么这样，我说男人总是停下车来索取"性回报"，而且露西又总被群狗攻击。猎人们示意我坐下来，说他们会帮助我。在拨打了几个电话后，他们找到一个正在开卡车的朋友，短时间内会经过约20英里远的一个地方。他们走到一辆生锈的旧汽车上，用土耳其语互相交谈。讲英语的人打开后备箱，告诉我放上自行车。

我惊呼道："我的自行车根本不可能装进那里。"

"可以的，会的。"他向我保证，其他人笑着点了点头。"你坐上那辆卡车。他是我们的朋友，不会伤害你的。"

我拆除了自行车和齿轮，他们试图将它们全部塞进车内。看起来完全不可能，但是他们很积极，反复尝试，让我倍加欢欣。他们一心想着做成这件事，当后备箱里塞满了自行车的装备，关上门的那一刻，我们所有人都欢呼鼓掌。

司机、露西和我有足够的空间，但有个猎人也设法挤了进来。我们道别，出发。我觉得赶上卡车的时间似乎不够，但是那伙人一直说没问题。感觉自己好像是一名穿越一级方程式赛车的乘客，穿越了土耳其农村狭窄的弯道。突然之间，一辆卡车停在路边的茫茫荒野中。卡车司机怎么知道在那里停车？

司机站在卡车后面，我们从锈迹斑斑的汽车中走了出来，这些人把我的东西从后备箱中拉出，举过头顶，交给卡车司机。他们还想把露西也抬起来。糟糕！储藏区是由木板条制成的，还余有一定的空间，但把露西放在那里实在是太危险了。

在表示了抱歉后，我和他们说露西必须和我在一起。每个人都惊呆了。在土耳其，许多人认为狗是肮脏的，而且还可能带有各种病菌。因此，对于他们来说，将狗当作家中宠物是不可想象的一件事，而且狗也不能放在车内跟着旅行。在农村，老一辈人仍然认为：吸入狗毛会使人生病，代代相传的安全隐患提醒着人们要远离患有狂犬病的狗。

我知道，在车里面带狗是一件大事。而让司机处于那种境地，让我感到很抱歉。但是我知道把露西放在后面并不安全，所以要求他们从卡车上抬出我的装备。

猎人跟司机在说话。但我却不知道他们在说什么。最终，司机居然同意让露西和我坐在一起。

对此，我深表感激，将露西抱到卡车驾驶室的地板上，爬上我的座位。我想付钱给猎人，感谢他们，但他们拒绝了，互道再见。我十分感动。许多人拒绝帮助我或者要求提供不愉快的东西，但是这些我一开始不喜欢的猎人却在全力以赴地给我提供无私的帮助。卡车司机叫埃米尔，来自伊斯坦布尔。他在意大利和土耳其之间开卡车已经17年了，他只会说一点点英语。我在地图上向他展示了我在穆拉必须去的地方，而他向我展示了最好、最安全的路线。之后，我默默地坐在车上，坐在如此大而舒适的座椅上，我专心感受着陌生而奇妙的感觉。我凝视着露西，露西也抬头看着我。我多么希望露西拥有像英国的狗一样的家。但是在土耳其，庇护所是最好的选择。看着她，我知道，如果我有一个家，而不是骑自行车环游世界，我们将会成为一家人。

妈妈和我之间的情况越来越糟，到15岁时，她要求社会服务局带走我。她似乎认为我有问题，于是我被送到精神科医生和心理医生那里。他们说，问题不仅仅在于我，而在整个家庭。妈妈否认了这一点。我们之间的关系变得痛苦而紧张，我做出的让步也越来越多。继续住在家里，我感到孤独和被嫌弃。我以装作不在乎来应对，应付一个难以忍受的想法：我是如此令人讨厌，连自己的亲生母亲都不想要我。

白天，我总是独来独往；夜晚，关上房门，我都是哭着入睡。这不仅令人崩溃，而且令人恐惧。在临近十六岁生日前的几个月里，我焦虑不已，因为我知道这是妈妈不需要再对我负法律责任前的最后期限。将会发生什么呢？

　　为了进入大学，我努力学习，准备考试。16岁那年，我恳求妈妈让我留下。她允许我周一至周五待在家里，帮助我继续上学，但从周五放学后直到周日晚上都不允许我回家。她不在乎我去了哪里，只是不想见到我。

　　我感谢这样的安排。但同时我最大的恐惧是如果没有找到一个周末可以住的地方，我将不得不独自在外面睡觉。在一个周六的晚上，没有一个朋友肯收留我，恐惧感不断地困扰着我。我最好的朋友苏茜不想让我一个人待在外面。于是，她告诉父母她住在我家，我们把她的帐篷抬上了山。这是我第一次野营。不幸的是，那是冬天，而且苏茜忘记拿帐篷杆了。我们蜷缩在一起，度过了一个寒冷而刺骨的夜晚。

　　周日下午晚些时候，我回到家，妈妈在等我，她很生气。显然，我们露营时，苏茜的父母给她打过电话。那天，妈妈尖叫着把我赶了出去，让我永远不要回来了。

　　那是圣诞节之前，看着别人都是和家人在一起，一副其乐融融的模样，而我却独自一人，孤零零地站在街头。离开家，离开妈妈和兄弟们，我不知道该怎么办。我麻木地向前走着，居然走到了一个朋友的家门口，她妈妈叫来了社会服务。最后，我决定和一个40英里外的寄养家庭住在一起。这意味着我每天要往返80英里去学校，但这是我所期望的最好的结果了。

妈妈抱怨说，她不想让我和弟弟一起上课。最终，社会服务局告诉我，我的妈妈正式投诉，说我上学的交通费太多了，有一所高中离我的寄养家庭更近，通知我下学期必须换学校。我彻底慌了。我已经失去了家人，我不能再失去学校和朋友。但现实却是我必定一无所有。

埃米尔在路口将车停了下来。他站在卡车后面，放下我的装备，和我说了声再见。在我把自行车和装备取走后，他开车离开。路上很安静，我慢慢地踩着踏板，让露西跟在我身旁。

几分钟后，我们在路边的餐厅停了下来。这个餐厅有一个大花园，非常适合露西。我早上只吃了一些面包，给露西喂了猎人剩下的早餐。于是，我走进餐厅，微笑着表示一定要把我俩喂饱。

坐在一张空桌子旁，我打开包，却发现我的iPad不见了。它很重要，因为我用它来撰写我的"世界自行车女孩"博客。之前在骑过波斯尼亚和黑塞哥维那时，我就想写一本关于骑车探险的书，并开始写博客，记录自己的经历。现在，iPad居然不见了，我甚至都不知道是什么时候弄丢或被谁偷的。但是，我确信现在已经无能为力了。

下午很晚的时候，我们再次出发。还没走多远，路边的交警示意我停下来。露西正坐在箱子里，我缓缓地减速，然后停在了他们面前。我俯身，双臂环抱露西，告诉她一切都还好。我轻声说话，这样她就不会怕人了。

　　他们问我要去哪里，我解释说自己正打算骑车带露西到穆拉的庇护所。他们突然不停地大笑起来。我不知道当时自己应该怎么办。我在那儿站了几分钟，然后骑车离开。

　　又要爬坡了，可此时的我已经筋疲力尽，无论是精神上、情感上，还是身体上。我厌倦了这一切。只有全心全意地爱露西，才能让我忍耐这段长长的旅程。

第八章

夜幕降临，但我仍在爬坡，两边是茂密的树木，无法找到露营地。

我停下来，把露西从箱子里抱了出来，戴上大灯，打开尾灯，希望路过的汽车能看见我。我尽可能快地骑自行车，但还是歪歪斜斜，疲惫不堪。露西走在旁边，像影子一样跟随着我。显然，她也已经筋疲力尽了。不能把她放在箱子里，我感到难过，但是如果我的前灯暗了，我们很可能会掉到一个看不见的坑洞里。

天完全黑了，我白天强撑的气势崩溃了，只剩下了对黑暗的恐惧。我周围的环境就像小孩卧室里的壁橱一样，白天很好，晚上却很恐怖，因为里面可能藏有怪物。我渴望在帐篷内保持安全。很高兴露西在这儿，因为如果没有她，我会更加害怕。

我的头灯在黑暗中投射出一小束光。那是路边树木之间的空地吗？我睁大了眼睛，刹住车。我可以把帐篷放在那里。我思考了各种选择，因为在如此靠近道路的草丛中露营是危险的。我还可以在漆黑的沥青路上骑行或寻找更加安全的露营地。这两种选择在土耳其都特别危险，酒驾在这里并不罕见。问题是，哪个是最危险的选择？我本着"熟悉的恶魔比陌生的恶魔好一点"的态度，决定去露营。我甚至不知道自己为什么一直在犹豫，露西已经做了决定，很快在草丛中睡着了。

我顶着恐慌，不顾一切地爬进帐篷，远离险恶的黑暗。我看着露西睡觉。她今晚没办法待在外面。如果她跑到附近的道路上被汽车撞到怎么办？她必须和我一起睡在帐篷里。强迫她做她不想做的事情让我感到很难过，同时我也希望能尽快找到治跳蚤的方法。

我抱起她，向她道歉，因为我用了很大的力气才把她放进帐篷里。我自己也迅速地跟了进来，以免她退回到帐篷外。躺在睡袋里，我抱着露西，睡眠中的她浑然不知。

每次大灯照亮帐篷内部时，我都会担心车辆会开过来碾过我们。我把露西放在内侧，这样，我至少可以为她提供一些保护。

我整夜没睡，思绪在脑中盘旋。"230英里。"我不知道哪一种情况更糟，是230英里的艰苦跋涉，还是走完230英里后不得不说再见。我认为艰苦跋涉似乎更糟糕一些，因为尽管我很爱露西，但我知道我可以走开。我正在做正确的事，无论如何，我心肠很硬，因为妈妈以前总是告诉我：疏远和亲密一样容易。

黎明终于到来了，帐篷里变得亮堂堂的，很庆幸我不必再睁着眼躺在那儿了。盘腿坐在路边，环顾四周，才刚凌晨六点。空旷的道路两旁排满了高大稀疏的树木。到了晚上，这个地方就是一个噩梦，但是在晨曦中，它显得平静、安宁、安全。我努力感受着这一刻，当我在黑暗中感到恐惧时，潜意识就可以感受这一切。希望感受这些时刻能让我变得更加勇敢。

尽管一天才刚刚开始，但我却已经感到筋疲力尽，每一块肌肉都很难受。230英里啊，我捂着脸。我做不到啊，抵挡不了更多狗的攻击，受不了更多要求性爱的男人，忍不了别人的指指点点和嘲笑，无法面对一个又一个不眠之夜。我像个孩子一样，放声大哭起来。

正是在这种绝望的状态下，我掏出手机，点开了脸书，发布了露西的几张照片，并恳求帮助。输入时，我也觉得这很可笑。没有人会阅读这篇文章，即使他们读了，我的朋友也都没有去过土耳其。发完后，我放下了手机，再次捂着脸哭了起来。

"请您读一读这篇文章，帮帮我和露西。我发现露西的时候，她已经被4条狗攻击了。露西只有3个爪子，所以无法逃跑。她只能躺在那儿，任由它们撕咬。所幸，我赶走了那些狗，并为露西在穆拉找到了一个很好的家，我们距离穆拉350英里。由于带着狗，我无法使用公共交通工具。我为露西制作了一个箱子，将它固定在自行车上。现在，我要骑车带她到她的新家。今天是第4天，我们已经到达巴勒克希尔。让受伤的露西痛苦不堪的是，她非常害怕车辆。显然，她以前曾被车撞过。我们还有230英里要走。我们在通往伊兹密尔的D565公路上，将到达从伊兹密尔到土耳其穆拉/达拉曼地区的D550公路上。路上有大量的货车经过。如果您知道拖拉公司或货车/厢式货车司

> 机刚好朝我们的方向行驶，请帮忙分享我们的故事。如果您认识巴士公司，请帮忙分享我们的故事。如果您经过我们，车上还有空间，请停下来帮帮我们。开车230英里不是很远，但对于狗来说，骑行会让她痛苦得多。传播一下我们的故事吧。希望这篇文章能引起人们的关注，帮帮我们吧！谢谢您！"

我抬起头，对自己说，没什么可哭的，伊什贝尔。你几年前就学会了。没有人会来帮助你。除了做必须做的事情，努力到达230英里外的终点，别无他法。露西需要你。你有多累，受了多少伤，都没关系。一切看起来多么不可能的事情，只需要继续前进，勇往直前，就一定能做到。你必须确保露西安全。

为了使自己摆脱小小的"崩溃"，我必须采取行动，我从路边跳了起来，叫醒露西，没有过多时间思考，我开始整理行李。毕竟230英里的骑行，我只能靠自己了。

我出发了，很快就到了空旷的高速公路，宽阔、平坦、光滑的大道。没有要躲闪的坑洼，不会在砾石上打滑，没有成群的攻击犬，没有好色的男人，而且没有该死的山坡。每次向前踩踏板时,我的精力都在恢复,精神振作了起来,这样才能维持一整天的骑行,而露西也可以从容地躺在箱子里。

🚲

在逃离寄养家庭之后,我无家可归,努力读书。但是无家可归和脆弱最终胜出。数年过去了,在绝望和不安的混沌中,危险的交友、仅能维持温饱、混迹于黑暗的社会,就是我的生活。21岁时,我最终决定不再醉生梦死,而要重铸新生。我买了一辆二手自行车,在接下来的两年里每天骑自行车往返大学,攻读综合疗法和压力管理学科。

从我的公寓到大学会经过交通繁忙的道路,交通信号灯很多。我尽可能快地骑行,不是因为我的自行车不再是"一匹马",而是因为我自己变得杂乱无章,每天都迟到。从信号灯到信号灯,与汽车比赛使我获得了极大的乐趣。长时间以来,这是我第一次感到自己在这个世界上很安全。

🚲

和往常一样,我们停下来,让露西伸展一下她的腿。今天,我注意到她的跛脚似乎好了一些。当我们经过一家看起来不错的餐厅时,我们的心情很好并意识到两天没好好吃顿饭了。我曾经和露西分享过我的食物,而且知道自己严重缺乏卡路里。我决定停下来好好吃一顿,以抒发柏油马路给我们带来的一流体验。

我让厨师做了鸡肉和米饭。这顿饭对我们来说真是太好吃了。我让厨师又做一份，打包带走，给露西当晚饭。餐厅工作人员对露西很友善，我感受到了一线希望，土耳其的流浪狗最终会过得越来越好。

吃饱后，我坐下来查看了一下脸书。出乎我的意料，居然有很多人在分享我的帖子！认识和不认识的人都在分享我的信息。尽管现在还没有人可以帮助我们，但陌生人的关心让我感到温暖。

我们回到自行车上，吃饱喝足且快乐，一个小时没有发生任何事，感觉棒棒的。没有状况，也没有困难。

不一会儿，一辆卡车停在了我前面，一个人跳了出来。

我瞥了一眼，又来了。

他站着等我们赶上他。我骑到路中间，以便可以从他车旁骑过去。他用英语问我要去哪里。我没搭理他，只是不停地踩着踏板。他说他要开车去伊兹密尔。伊兹密尔，100英里之外！于是，我停了下来。出乎意料的是，他并没有提任何过分的要求。然后，我又指指露西。他点了点头。我继续等着。他告诉我他叫穆斯塔法。他还是没有提出过分的要求。我向他展示了脸书的帖子，当时这个帖子正在传播。当我向他讲述我们的故事时,他的眼睛睁得大大的。我说"顺风车"会对我们很有帮助,我问是否可以拍下他的照片并将其作为帖子发出去,这样每个人都可以看到他给予我们的帮助。他的眼睛闪闪发光,看上去很高兴。他愿意在我的脸书上公开自己的照片,事实上,这也为我提供了一定的安全保障。尽管如此,当我们将自行车和设备装到他卡车的后部时,我还是拍了一张他车牌的照片,并把它和我的位置发给了我的朋友。

他坚持要把露西和自行车放到车尾部。我检查了一下,发现很安全。坐车行驶一百英里,远胜于骑自行车,我同意了,但前提是我要经常停下来查看一下露西。他同意了我的要求。安顿好露西,我爬上车,深深地舒了一口气。感谢这次顺风车,感恩我们不久将要到达的目的地。

🚲

大学毕业后,我又历经了多年的痛苦。然后,我带着背包出发前往澳大利亚,开始了简单的探索和享受生活。我感到很兴奋,很快便爱上了冒险。一年后,我又回去找了一份办公室的工作。与其说是立业,还不如说是为了旅行存更多的钱。我也开始在当地俱乐部骑自行车。一开始,主要是自己骑自行车,因为我不够快,无法跟上快车队。但很快我就跟上了,关于"马尾辫"在男人中间骑车的消息传开了。有一天,一位女士问我是否想参加她当队长的比赛。我认为这太可笑了。我对赛车一无所知，对学习赛车也没有兴趣。我拒绝了，但她并没有就此放弃，其他俱乐部成员也鼓励我去尝试一下。最终，我答应了。不久之后，我在英国各地作为女子赛车队的一员参加公路赛车运动。骑自行车成了我的一个事业，骑自行车享受大自然已被越来越强的目标所取代。

为了举办英联邦运动会，格拉斯哥建造了一个赛车场，我决定尝试一下。我站在中间，环顾四周那高高的木栏，害怕自己做不到。令我惊讶的是，我比其他任何人都快。格拉斯哥一家短程竞技赛车队的教练兴奋地走近我，问我是谁，并宣称他一直在等待像我这样的人。我解释说我是一名公路赛车手，他问我是否想成为和他们一样的短程赛车手。我不知道短程赛车会怎么样，但我一直不喜欢爬山，所以我问："如果我是一名短程赛车手，这是否意味着我不再需要爬山了？"

"是的。"他笑着说，"你不必再爬山了。"

"好吧。"我说，"我想成为短程赛车手。"

我学得很快，遵守纪律，热爱训练和赛车。在第一场大型比赛中，我超越了苏格兰的前英联邦运动会奖牌获得者，获得了金牌。

很长一段时间我都不敢相信这是真的。但是真当我成功时候，我感到非常自豪。不是因为我的奖章，而是因为我的背景。

🚲

当夜幕降临时，我们到达了伊兹密尔。穆斯塔法将车开进了一个工业区，已经有其他卡车停泊在这里过夜。通常情况下，除非计划好住宿，否则我永远不会在晚上到达城市，但是少走100英里的路是想都不用想的事情。我打算整夜在人行道上徘徊，也希望能找到一条长凳，可以让露西入睡。我必须保持清醒，以确保我俩的安全。

我从车上抱下露西，然后重新跳上去，卸下了我的自行车和随身物品。一切如初。我深深地感谢了穆斯塔法，带着露西推着自行车走入了黑夜之中。

第九章

11个小时后，日光将再次普照伊兹密尔，但在那之前，我得时刻保持清醒，我必须在拥有400万人的城市中保证露西和我的安全。在土耳其农村待了这么长时间之后，明亮的灯光、繁忙的道路和疯狂的速度让我吃惊不已。

我在我的挂包里发现了白色围巾，我曾在伊朗时把它当头巾，戴在头上。我把它绑在了露西的脖子上，充当皮带，引导她穿越车水马龙的城市。我们穿过一条拥挤的道路，然后我骑着自行车，露西则像一个小护卫跟在旁边，我们继续向着未知的前方行进着。

我在壳牌加油站的入口处看到一个高耸的标牌，上面显示着汽油的价格。我注意到标牌所在的一小片草地，还有安全摄像头和大量的工作人员，这是一个多么完美的露营地啊！

在城市中，这样一块可以提供这种安全性的草坪绝对是不容错过的。车站繁忙，汽车来回走动。我在前院来回晃悠，露西跟在我身旁，目标是把帐篷搭在那个标志旁边。我知道最好在获得许可之前先查看一下，让他们有时间了解我是一个好人，没有威胁。

土耳其的加油站因热情好客而闻名。打个招呼后，几分钟之内，我就喝上了甜茶。更令我惊讶的是，服务员对露西也很友好，抚摸着她，喂她吃面包。他们对她温柔关注，真是出乎我的意料，因为我注意到很少有土耳其人近距离接触狗。

喝完茶后，我询问是否可以在加油站牌子下扎营。服务员露出惊讶的表情，告诉我以前从没有人提出过这个要求。我解释说，伊兹密尔没有一家酒店会允许我带狗入住的。知道我没有说谎，他们同意让我露营。

我在他们的办公室给手机充电时，再次查看了脸书，我几乎呆住了，全世界都在分享我的帖子。我收到了许多人的帮助信息，都是完全陌生的人。一位女士写道："打车吧，我会付钱的！"其他人要求我确认我的确切位置，以便他们可以帮助我。还有一则消息引起了我的注意，消息后面还附上了一个电话号码，要我与几个小时车程以外的一位英国女士联系。我拨打了电话，这个女人叫玛丽，在土耳其经营一个猫咪避难所。她告诉我说，她将开车带我和露西继续前往我们的目的地，但她还说，她正在联系媒体，希望新闻社将为此付费并提供运输服务。

她让我在那里等着，并告知车站服务员她将和新闻工作人员一起到达。

挂了电话，我突然感觉自己的心都碎了。是的，我改变主意了，我想大声说我不需要任何帮助，也不想跟露西说再见。但我还是很感激这些人，人之常情告诉我，不要沉溺在个人的情绪当中。露西会很安全，几个小时之后，她将不再是一只流浪狗，她将和其他狗一起在庇护所中玩耍，她也不会再受到伤害了，我的露西会很安全。

就在那时，也许是因为我知道她的安全已经不成问题了，一个念头悄悄地冒了出来。关爱呢？谁会给她关爱？不管收养者的心有多包容，一个每天要照顾百十来只狗的女人是根本没有时间给予露西关爱的。

我虽然松了一口气，但心情却变得异常沉重。

我和加油站的工作人员分享了这个消息。新闻组要来，他们感到很兴奋，但我没有他们那份开心。任务完成了，我突然感到筋疲力尽。我把帐篷搭在加油站的标志下，道了声晚安，很难过。我爱露西！一切都发生得如此之快，我还没准备好分别，但不得不说再见。天啊！我不想说再见。我满眼泪水。不停地责骂着自己的愚蠢，然而，这个结果对露西来说是最好的。我正在骑行环游世界，只有一辆自行车和一顶帐篷，我没有家，而她在庇护所里会过得更好。

我爬进睡袋，抱着露西。很快我们两个都睡着了。

"伊什贝尔……伊什贝尔……伊什贝尔。"一个英国女人的声音在我梦中向我呼喊。我缓缓地睁开了眼睛，看了下手表，凌晨三点，但声音很真实，不是梦。于是，我赶紧去打开帐篷，但是露西躺在中间，我没办法打开。

"伊什贝尔，我是玛丽。"

我爬过露西，拉开帐篷的拉链。一道亮光打在我的脸上，让我睁不开眼。我伸出手遮住亮光，抬起脸，看到一个有着红色卷发戴着眼镜的女人。"玛丽？"我问。

"是的，我是玛丽。"

我给了她一个大大的拥抱，不断地感谢她的好意。

摄影师在她身后打着大光，另一名男子拿着大大的声音模糊的麦克风站着。玛丽的眼睛掠过我，叫露西过来。我转回帐篷，叫露西出去。

露西出现时，相机在拍，她做了从未有过的事情：走过去，不搭理人，在相机镜头下，她蹲下身子，背对着相机，拉屎。天哪，我爱这只狗，她在各方面都很棒。

显然，摄影师是来拍摄这只狗的。当我们所有人转向她时，真是尴尬，拍摄她如厕是不合适的。最终，摄影师意识到了这一点，他关闭了相机，所有人都大笑了起来。露西是我的"大英雄"。

尽管天黑了，但他们还是希望看到我载着露西骑行。对此，我有些不太情愿。我确信，当我把露西带到安全地带时，她再也不会进入那个箱子了。我们所有人既不想也不喜欢看到这些，但是我能说什么呢？这些人在帮我们，我们根本别无选择。

我对露西说了声对不起，解释说这是我们要得到帮助所必须要做的。我把她抱到箱子里，开始和她一起骑自行车。他们让我向镜头挥挥手。他们难道不知道一辆超载的自行车，加上一条狗，再去做这样一个动作有多难吗？尽管如此，我还是按照他们的要求去做，一只手挥舞着，就像动物园里的猴子。

后来,玛丽、电视台的工作人员和我一起将所有的东西都塞进了他们的栗色面包车中,出发了。尽管很难集中注意力,我还得一直说话。前几晚我都没有合眼,我的眼皮一直在打架。三个小时后,玛丽说我们快要到了,她问露西打算去的避难所的位置,我告诉了她,还提到了萨曼莎。

玛丽的脸上露出一种恐怖的表情。她摇了摇头,捂住嘴,睁大眼睛。我心里一愣,问出什么问题了。她转过身,朝窗外望去,她仍在摇头,一只手在空中挥舞着,喘着粗气,就像她无法呼吸一样。我的天哪,究竟发生了什么事,令她惊恐万分,这么糟糕?我追问道:"怎么了?你必须告诉我。如果很糟糕的话,我不可能把露西带到那里。"

玛丽开始说:"伊什贝尔,不!那个庇护所是可怕的。露西无法在那里生存。如果是其他任何地方,你都可以送露西去……唯独那个地方……"

玛丽停下看着我,然后继续说,"看,我的猫咪救助站里只有三十条狗,有些已经到了国外的家。如果你愿意,露西可以来我这儿。我会给她一个位子。"

"真的吗?"我本想亲她一下,这是一个超棒的消息。在我看来,流浪狗还能去其他国家,而一个想法却在我脑海中闪烁。"所以,如果我在英国为露西找到一家人,你知道如何为她做好准备，以便她可以去他们家吗？""是的。"她回答。

　　她解释了程序，我说如果露西去她那里，我希望露西可以接受全面的医疗检查。我需要知道她是否有什么问题，以便可以开始治疗。这对露西至关重要，如果我们要在英国为她寻找家庭，这尤其重要。多少钱都没关系，我会筹集资金。玛丽同意了，我满怀感激地拥抱了她。

　　我打电话给萨曼莎，告诉她，露西已经去了玛丽的避难所，以便使她接受收养的程序。萨曼莎好像很困惑，说露西在她那儿也可以走同样的程序。我没有提到玛丽对她的避难所的评价。我只是再次表达了自己的感谢，并说一旦露西安定下来，我便会去拜访她。我感到很抱歉，因为自整个旅程开始以来，萨曼莎说过她会在庇护所给露西一个位子。

　　不久，我们便抵达了土耳其里维埃拉半岛的一个小镇，沿着一条路向上走，进入松树覆盖的群山。马尔马里斯湾的全景尽收眼底，巨大的绿色岛屿耸立在海面上。

　　前一天，我还骑自行车穿越乡村农田，现在我见到了最美的海岸线。汽车停在山顶，玛丽跳了下来，打开大门，我们继续前行。

　　就这样，我们到了。我们终于到了！多少次，这些似乎是不可能实现的。我还记得，从自己愿意继续前进，到现在到达的这一刻。我们做到了！我们不仅到达了，而且露西还可能有机会拥有一个真正的家。

我哭了，哽咽抽泣。过去的几天是一段难熬的旅程，我没睡过一个安稳觉，我没有时间，也没有精力应付这些。我抱着露西下了车，虽然感觉放松了下来，但精神上却早已筋疲力尽。

我放下她，几条狗跑来跑去。露西看上去很害怕，于是我又把她抱在身边，试图给她一些安全感。避难所的狗高兴得摇头摆尾，但露西却抬起头看着我，显然她不想和它们一起玩。我也感到紧张和不适，尤其知道电视台正在为我们摄像。我希望电视台的工作人员不要在这样一个私人的时刻摄影。但是后来我告诉自己：不要再自私自利了，要懂得感恩，这就是我们为获得帮助而要做的事情。

玛丽带我参观了那个小小的避难所。我们穿过笼区，里面关着各种颜色和大小的猫。两匹马在小草丛中吃草，周围围绕着狗屋，一个挨着一个。露西紧贴在我身边，跟着我走，每次其他狗试图与她打招呼时，她都会缩回我身边。

避难所的后面是一个很小的活动小屋，玛丽说她住在那里。她解释说，她确实不想照顾任何狗，但是提供食物的当地政府向她施加压力，要求她要照顾狗和猫。所以，玛丽这里现在是有着三十条狗的猫咪避难所。

媒体终于离开了，我很高兴能有一段和露西单独一起玩的时间，但玛丽说她很忙，所以我现在应该离开了。她坚持要为我找个旅馆过夜，并说我可以把自行车和设备留在她的避难所。

我不想这么快就离开露西，因为我还不能确定她是否能安定下来了。我问是否可以在附近或避难所里把帐篷搭起来。玛丽说这不可能，为了让露西安定下来，我最好现在就离开。我承认玛丽是专家，但这一切来得太快了。要知道，昨天我还在230英里以外。

玛丽向我保证一切都会没事的，第二天早上我会再见到露西，接受电视台采访。我紧紧地拥抱着露西，屏住呼吸，这样眼泪就不会流下来。我伤心地离开了她。我不想让她害怕，我不想让她以为我已经抛弃她了。我不想让她坐在她的小狗屋里，不知道我在哪里，等着我回来。她是那么信任我。

我还是喜欢野营，但玛丽坚持说我得有一张舒适的床和热水浴。她很善良，我最终同意了。我很不情愿地跳上她的助力车，下了长长的山坡，来到下面的旅游胜地。

我们来到了一家看起来很昂贵的海滨酒店。在接待处，玛丽要了一个房间。我感到非常不舒坦，当有那么多动物需要花钱养时，不想让她为我支付旅馆房间的费用，我走出了旅馆。玛丽拦住我，说有一个家庭与她联系，捐赠了100英镑，上面写着："让那个女孩住一晚，并在她到达时享用一顿美餐。"这笔钱实际上不是来自她或动物慈善机构，所以我接受了。

我们拥抱，道别。第二天早上8点30分，有个新闻记者来接我。玛丽重申，如果我不陪露西，那对露西是最好的，她需要时间适应避难所，并安顿下来。她建议我应该在四个月后来接露西，那时她将为旅行做好了准备。

我慢慢地沿着大理石楼梯走到我的酒店房间，感觉自己的心在碎裂。我爱露西，明天我必须跟她说再见。我从未想象过会是这样。为什么我不能像过去一样呢？

我洗了个热水澡，用柔软的白色蓬松毛巾围着身体，坐在阳台上。我俯瞰着下面海湾的如画景色，长长的海滩，美丽的绿色小岛环绕着大海。

我尽量往好的方面想：露西终于要有家了，这简直令人难以置信。这个想法使我感到温暖。当我是个小女孩时，我渴望家人，但是到最后，我更愿意独自一人。我热爱自由，为了不让自己有羁绊，我连金鱼都不养。但是，当我一想到露西的未来，我知道我已经对自己撒了很长时间的谎了。我最想要的是一个家，在世界的某个角落，有一个属于自己的家，一个很安全的家。如果我可以实现一个愿望，那就是永远拥有一个家，现在的露西即将实现这个愿望。

那天晚上，我在阳台上写下脸书的帖子：

> 当我的自行车停在路边，露西躺在车旁边，她最应该去的是一个好的狗狗救助站。现在，我要感谢每一个对露西表示关爱、支持她旅程的人，我们正朝着她生命的终极目标迈进。在4个月的时间里，由于有了"猫舍"，还有动物保护战士玛丽，露西将会接受医疗检查，然后运往世界的某个地方的新家庭。如果您对露西成为您的家庭成员感兴趣，请给我发消息，我们会向您发送更多信息。这是露西到达的新家……现在，让我们行动起来吧！

我在帖子上附了四张照片。

倒在柔软的酒店床上，我伸了个懒腰，感受着床单的丝滑。我想知道露西是否还好。想到玛丽盼着我回去，我很不开心。但是她是这方面的专家，最了解动物。

但真的是这样吗？其实，专家并不总是正确的，我知道他们有时也是不可信赖的。

在着手环游世界的前一年,我集中精力进行训练,代表苏格兰参加英联邦运动会的短程比赛资格赛。我一直在努力达到目标。一天晚上,我在公路上骑自行车,一辆反方向行驶的汽车驶过马路,撞到了我。我被撞得翻过汽车,硬生生地摔在马路的另一边。疼痛遍及我的全身,当我试图站起来踩在人行道上时,我感觉双脚剧痛。人们围着我,扶着我的手臂,帮助我走路。当我被带上救护车且看到昂贵的碳纤维赛车一分为二时,我突然大哭了起来。救护人员告诉我不要哭,痛哭可能会让我的疼痛感加剧。

事故发生后,每次看到汽车在马路对面转弯,我就会焦虑不安。因为我参加了英国自行车会员保险,所以他们的律师请了治疗师来治疗我的焦虑。这个治疗师是心理健康和认知行为疗法方面的专家,已经开发了许多供心理学家使用的诊断工具。

在治疗期间,他开始和我讨论他的婚姻问题。他认为他爱上了我,想和我发展婚外情,但他又不想伤害他的妻子。对我来说,这永远不可能发生,因为我知道一个破碎的家庭意味着什么,我不想与它有任何瓜葛。因此,他开始使用他的疗法试图改变我的思维和信仰体系。治疗结束后,我举报了他。

我离开旅馆，散散步，顺便找点吃的。我不想在餐厅吃饭，于是便在一家杂货店买了一袋垃圾食品，回到了酒店的房间。我以为吃饱了，我就会好过一些，但事实并非如此。终于可以睡觉了，但我却翻来覆去，睡得很不踏实。

第十章

第二天，我早早醒来，想去看看露西。可这时距离八点半还有很长一段时间，于是我洗了一个热水澡。由于没有干净的衣服可以替换，我把刚刚脱下来的自行车服又套了回去。看着镜子里的自己，我不禁笑了起来。环游世界之前，我永远不会穿着破烂不堪的脏衣服上电视，但是现在我已经不在乎了。与担心自己的外表相比，世界上还有更重要的事情等着我去做，我完全解放了。

我查了查脸书，在收件箱中有一个叫伊丽莎白的女人发来的邮件。邮件的内容是她在英格兰的房子和一个大花园，小马、狗、猫和她的女儿阿比盖尔的照片。她写道，她们很想成为露西的家人。我的心瞬间融化了，立刻回信说，她们家很完美。随着交流的继续，伊丽莎白说她在英国从事动物保护工作。

在了解到我与露西的情感后，她甚至提出要收养她，直到我完成世界骑行。这真是一个好消息！这意味着等我骑车环游世界后，可以去她家接走露西。我们可以出去散散步，每天在一起。看上去，一切是如此完美。

突然，我开始感觉有些沉闷。我对自己说：伊什贝尔，对你而言，一切是如此完美。然而，你有没有想过，等你完成环游世界的目标时，露西已经有了她自己的家，而你此时却想把她带走。如果我不准备现在就为她停止骑行，那么我也无权将她带离她好不容易融入的新家。

我感谢伊丽莎白提供收养露西的机会，我知道她的家非常适合露西，而且我希望露西能和他们一起生活，像那些照片中的猫狗一样。我的每句话都是真心实意的。

露西现在拥有了一切：安全、爱心、保护、家和家人。我心里感觉特别踏实。到酒店接待处结账时，我发现汽车和记者已在外面等着我了。

我很高兴见到露西。我们抱在一起，她还快乐在地上滚来滚去。玛丽说，在我离开后，露西一直保护着我的自行车，不允许其他猫狗靠近。我把露西拉得更近，紧紧地抱着她。

记者们正在等待采访。他们拍了一些有关我骑车带着露西的照片。记者离开后，我回到露西身边，知道我俩很快就要说再见了。

玛丽告诉我，电视台要她带我去购物，挑选我想要的衣服，他们会买单。我感谢了她，并告诉她在急需资金的动物避难所里时，我当然不能花钱给自己买衣服。我解释说，我不需要购买新衣服，我身上的衣服就非常适合骑行。但我也很乐意购买衣服，前提是玛丽可以卖掉这些新衣服，为避难所换取所需的资金。

玛丽住在动物避难所的一个小木屋里，对此我感到很揪心。我们坐在阳光下喝茶的时候，她说，家里没有热水也无法淋浴。她一生致力于帮助动物，而这个地方却连洗澡的地方都没有。她的奉献和牺牲精神令我动容，钦佩。

我一直在听她诉说，但我更希望能有多点时间与露西度过这最后的时光。于是，我礼貌地结束了对话，便去和露西玩了。

该说再见了，我要骑车离开，把露西抛在后面。我不允许自己哭泣，不希望露西感到难受。我希望我们的最后时刻是幸福的且充满着爱。我给了她一个大大的拥抱，可当她依偎着我时，我的心都碎了。为什么我如此不舍得和露西分离？我强迫自己站起来。玛丽紧紧地抓着她，我将自行车推向大门，眼泪瞬间滚落。

在山脚下，我查看了脸书，确定玛丽没有发信息要求我回去。我注意到，很多人在链接中分享了人与狗一起骑车环游世界的故事，还有与自行车挂在一起的狗拖车的信息。

狗拖车？突然，我想再认真地思考一下：我应该回去找露西，想办法把她带到我身边吗？狗拖车行吗？还是用更好的箱子？

但转念一想，我想到了伊丽莎白的照相馆。我知道，一切都是最好的安排，而且那家人对露西肯定比我要好得多。

我发布了有关露西将被安置在新的家庭的消息。

英国有一个很棒的家庭今天与我联系，为露西提供了我能想象到的最完美的狗狗生活。妈妈、爸爸、一个10岁的女儿（小女孩超级喜欢自行车）、三匹小马、一条狗、一只猫。这家人正想收养露西，在四个月内，一旦露西有了她的国际护照，我将亲自送露西去她的新家。我将筹集资金以实现这一目标。我敢肯定，露西会爱上她的新家。

> 但如果她不适应，我会要回露西，她将和我一起环游世界。露西每天都会和我在一起，我不得不抵挡充满攻击性的狗群，因为她正穿越"它们"的领土。我不想露西受那样的苦，那段黑暗的生活已经过去了。我希望她在任何时候都是安全的，那是她应该享受到的。她不会继续跟着我了，这让我很伤心，但我仍然会一直关注与露西有关的消息。这个家庭很完美，我们很幸运。

我已经计划好要见萨曼莎。她认为庇护所对我来说太吵了，于是便为我安排了一家旅馆——"探戈宾馆"。不知道那天晚上什么时候能到达，因为我要骑40英里，所以我们安排在第二天早上见面。

我到达酒店时，那一家人正在吃晚餐。我也吃了一点，但筋疲力尽的我立刻回到我的房间休息了。

此刻的我非常想念露西。上床睡觉之前，我把她的碗和粉色的围巾放在床头柜上。这样做似乎有点傻。不知道怎么的，露西在潜移默化中改变了我，我不再是那个倔强的女孩了，我甚至变得有些多愁善感。成年后，我独自生活了很长一段时间，但很少感到孤独。然而现在离开露西，让我第一次感受到了孤独。是的，我又想到了关于狗拖车和人狗骑车环游世界的网上信息，幻想着是否应该让露西和我在一起。但是理性告诉我，一个美好的家庭出现了，它将给露西带来前所未有的美好生活。

🚲

第二天早上，萨曼莎在酒店接待处见了我。打了声招呼后，我给了她一个温暖的拥抱。说实话，我欠她一个感谢。正是她说出了"我要露西"，我们才开始了350英里的旅程。我载着露西骑自行车时，虽然身体非常痛苦，有时还特别想放弃，但萨曼莎的话一直萦绕在我的脑海里，像是一个精神支柱，支撑着我坚持下去。

萨曼莎带我去小镇中心喝咖啡，与我分享了她如何来到土耳其生活，如何看待周围的狗。她曾经力挽狂澜，后来被当地人称为"照顾狗的女人"。他们开始将狗扔到她家附近：受伤的狗、生病的狗、讨厌的狗。最终，她养了太多狗，用光了所有的积蓄来照顾它们。现在，她只能依靠海外慈善机构的帮助。萨曼莎没有让她的狗被收养，我感到很惊讶，她说他们在那里自由地奔跑，很开心。她的那块地坐落在湖边森林的中间，夏天狗狗可以在那儿玩耍。在土耳其炽热的天气中，那儿的水却很清凉，听起来像是狗狗的天堂。

我没有告诉萨曼莎，玛丽对避难所谈论了些什么，但我知道她感到困惑，露西为什么没有来到她的庇护所。

喝完咖啡，萨曼莎问我在将我送回酒店之前，是否可以开车顺便看下她的庇护所并拿一些文书。我很乐意参观那个狗狗可以自由奔跑的庇护所。

离镇子只有几英里远，我们驶过一条崎岖不平的土路，然后就听到了漫天的狗吠声。几只狗在车旁奔跑，靠近我们时吠叫。当她进去的时候，她让我坐在车里等，因为她不想让狗狗们扑向我。我说我不会有事的，但是她坚持让我待在车里。

我坐在车上，看着在地上疯跑的狗，一点儿也不后悔露西不来这里了。对于有的狗来说，这里可能是天堂，但我很快意识到，对于露西来说，这并不是最佳选择。大量饲养的流浪狗往往会聚众成堆。它们不喜欢和受伤或生病的狗分享食物。在没有隔离的避难所中，狗太多，病犬通常会被撕咬，因为它们无处藏身。工作人员必须迅速发现狗生病的情况，以便将其隔离，直到恢复健康为止。从露西在土耳其乡村街道上遭到袭击的经历，我知道，在狗狗太多的环境中，她被欺负的概率很高。

萨曼莎将我送回了"探戈宾馆"，我又住了一晚，整理好行李，为下一步旅行做准备。我打算骑自行车穿越土耳其，然后进入伊朗。四个月后，我将回来接露西，并护送她去英国的新家。

但是，说实话我还没有准备好骑自行车去伊朗。我不太了解玛丽，而且我没有在她的避难所里花费足够多的时间来了解露西是否已经安顿下来了。我想将骑行的时间再推迟一周，以便露西需要我的时候，随时可以见到我。

第二天早上，我将自行车存放在旅馆，向北乘坐5个小时的巴士前往切什梅，去探访卡洛琳和德里克，他们是我一年前访问土耳其时结识的苏格兰朋友。我很高兴看到他们。

卡洛琳和德里克在公交车站等我，面带微笑，给了我一个大大的拥抱。他们已经结婚四十年了，即使早已退休，却依然充满活力，眼中闪烁着年轻的光芒。我敬佩他们，他们奇妙的幽默感总是能逗得我哈哈大笑，和过去一周的严肃相比，这是令人愉悦的休憩。

到了他们家，我被带到我的卧室，我坐在床上快速查看电子邮件。当阅读收件箱中的第一份邮件时，我不由得大叫了起来。

我得知，管理机构的正式听证会将在三天后开始，以调查我对治疗师的投诉。走到这一步，花了一年的时间。但是，电子邮件通知我情况有变。最后一刻，治疗师翻供了。他很狡猾，想当然地认为我在土耳其，应该反应不够迅速。他的计划可能会奏效，但他没有考虑到我会与露西见面。从某种程度上来说，保护和照顾露西让我（也许是我一生中的第一次）想为自己做同样的事情。我想到自己是如何冲向那些凶狠的恶犬，虽然害怕但是坚定不移。我们俩，露西和我，将不再沦为受害者。就像我保护露西一样，我也会保护我自己。

向卡洛琳和德里克说了句抱歉，我立即预订了航班，及时赶回苏格兰参加听证会。我站在那儿，仍旧穿着土耳其山地大衣，面对一群西装革履的法官和他们的法律术语。我有生以来第一次感到有力量支持我，与一个强大而有声望的男人对抗，最后宣告我没有做错任何事情，那不是我的错。

尽管治疗师否认发生的大部分事情，但我还是提供了许多短信作为证据。该管理机构的专门小组撰写了一份谴责他的报告，认定他有罪，因为他为了一己之需，以诱骗的方式蓄意和一名脆弱的病人建立不恰当的关系。在管理机构的成员名单上被除名，这意味着除非他证明自己已经恢复名誉，不对患者构成威胁，否则他将永远被禁止为任何需要执业资格的心理健康护理机构工作。

总而言之，最令我震惊的是一份报告，说我的个人经历使我容易遭到强迫行为。这怎么可能？为什么我从未听说过？为什么没有人警告过我？我从来没有考虑过我的过去会使我容易受到伤害。我知道，如果将来要保护自己，我必须理解过去，保护自己免受过去的伤害。

我在苏格兰待了两个星期，最终发现自己很想念露西。虽然我没有收到来自玛丽的任何让我担心的消息，但是每天晚上我都会惊醒，因为露西不在我身边，然后我会想起她正在避难所里。

这时，英国媒体已经注意到了露西的故事，我们的故事在世界各地成了头条新闻。我曾要求我在马尔马里斯市的两个朋友瑞秋和伊娃去玛丽的避难所拍摄露西的照片和视频。狗狗看上去很高兴，和其他狗一样舒服。对此，我感到释怀和感激。为了感谢玛丽，我试图卖掉所有的财产，为她筹集资金，只为了能让她在避难所里也能痛快地洗上澡。

我在脸书上发帖说，回土耳其的机票已经预订，我将在几天后离开苏格兰。令我惊讶的是，我收到了妈妈的一封信，说她一直在关注我的博客，想知道我是否想在去土耳其之前跟她见个面。我的心激动不已。这是真的吗？给了露西一个家，我自己是否会以某种方式回归自己的家庭？我的朋友们却不像我那么兴奋，不明白我妈妈为什么之前没有联系我，现在却与我联系。

我去见了她，一起在花园中心提前吃了圣诞节晚餐。我们已经有好几年没有见面了。正是因为我已经很长时间没有见到她了，所以感觉很好，也很奇怪。她开开心心地说她以前从未想过与我联系，但一直在阅读我的博客，并意识到她真的很喜欢写这篇文章的女孩。她也一直认为，这个非常喜欢的女孩就是自己的女儿。

她说我已经变成了一个很棒的人。此时此刻，我却感到不安起来，我根本就没变。是的，我已经像其他人一样成熟了，但是我没有改变。我和几年前一样，还是伊什贝尔。在我看来，唯一的区别是：其他人看到了我的价值，喜欢我。我的博客和冒险经历很受欢迎，并在媒体上有报道，这就是改变，而我本人其实根本就没变。

第十一章

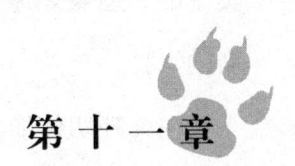

我于12月中旬飞回土耳其。英国的一家户外杂志的编辑曾与我联系，让我写一篇冬季骑车穿越土耳其的文章。显然，在严寒中带着千疮百孔的装备骑自行车穿越雪山，将是一个艰巨的挑战，但是苦难的故事总是有很多人喜欢读。

为了这篇文章，我得尽快出发，以便在冬天穿越土耳其。尽管我同意了玛丽的要求，不去看露西，但我还是必须亲眼看到她一切都好，然后才能开始我的自行车之旅，最重要的是生存。尽管没理由相信露西状态不好，但我只想再次确认一下她待在那儿是否舒服。

德里克去苏格兰做完体检，碰巧跟我乘同一班飞机返回土耳其。那天晚上，德里克、卡罗琳和我一起出去庆祝。生活是美好的，但我知道，感觉到生活是美好的，这对我来说是一种新的体验。

在离开切什梅之前，卡罗琳买了一个笔记本和一只笔送给我，这样我就可以开始写书了。是的，我想象过，但实际上，写书似乎是个高大上的任务。我，作家？我相信这对于我来说是一个大胆的想法，令人难以置信。但是我还是接受了礼物，决定继续向前，大胆思考。

公共汽车驶出时，我向德里克和卡罗琳道别。出人意料的是，这一别，竟是我和德里克的永别。不久之后，他死于急性恶性肿瘤，留下卡洛琳一人孤独继世。她失去了他这位最好的朋友和生活伴侣。

我坐在长途汽车上时，拿出新笔记本。然后，一英里又一英里，一点一点接近露西。我写的第一件事就是为杂志编辑撰写我的骑行文章的提纲。我知道这对于我来说是一个很好的机会，在主要的户外杂志上发表文章会带给我其他出版物的写作机会，这意味着我可以在旅途中挣钱，这是每个旅行者的梦想。

当我到达马尔马里斯时已是晚上，瑞秋在那里接我。她是一位英语老师，丈夫是一位土耳其男子，育有三个孩子。早在四个星期之前，我们就有过交集，她是当地动物组织的一名管理员，曾试图帮助我和露西。我们立马有了共同话题，有了那种虽不曾相识却又一见如故的感觉。我跳上她的车，催促她直接去玛丽家看望露西。但当时天色已晚，我只好耐着性子，转身向她后座的女儿打招呼。

伊娃是瑞秋最好的朋友，她把她空着的公寓整理好了让我住，让我想住多久就住多久。她还把她的自行车借给我用，因为我的自行车还扔在"探戈宾馆"里，这样我就可以骑车去看露西。伊娃的公寓既现代又别致。我告诫自己：再次开启艰辛的骑行之前，不能再这样整夜酣睡，放任奢靡。如果露西一切都好，我将取回自行车，并开始计划穿越土耳其的冬季旅行。

瑞秋、伊娃和我相处得很好，我们喜欢喝一些白兰地，欢笑着聊关于生命和动物救援的事情。我试图逃避露西近在咫尺却不能相见所带来的烦乱。快到深夜时，玛丽发信息给我，她听说我第二天准备和瑞秋、伊娃去参加一个动物募捐活动，对此她感到不悦。她说她就在附近的另一个筹款活动中有个摊位，而我却对此一无所知。她补充说，我无法在早上见到露西，因为她得忙着摆摊，也许下午可以。

郁闷的我喝了很多白兰地。

第二天早上，我从玛丽那里收到一条消息，她告诉我说我整天都不能见到露西，因为她太忙了。而且，我还被要求第二天中午去她的摊位。我感到非常失望。我问她，我是否可以第二天清晨骑车到庇护所看露西，并且保证不会打扰到她的工作。她拒绝了。然后我问玛丽，在她筹款活动结束后我是否有可能见到露西。她再次拒绝了，并补充说她太心烦，不想见我。我不知道自己做错了什么，但似乎我正在遭受惩罚。

瑞秋、伊娃和我按计划参加了募捐活动。那里的每个人都在问露西的近况，这很尴尬，因为我真的不知道。另外，人人都知道我，这让我感到很奇怪。独自骑行环游世界意味着我一直是个陌生人。但是，露西和我的故事遍布媒体，无论走到哪里都有人认识我，这让我有些不太适应。

在筹款活动中，我开始听到有关玛丽的故事。这些故事类似于玛丽告诉我关于萨曼莎的故事。似乎没有人对玛丽有好感。我知道要忽略这些故事除非我个人可以确认它们是不真实的，但我变得越来越紧张，因为我还没有见过露西，想知道她是否还好。我开始觉得自己无法相信任何人对我说的话，我只能相信亲眼所见的事情。

第二天，我发消息给伊丽莎白。她对于我还没有见过露西也表现得很紧张。我向她保证露西会好好的。无论多难，我也要在今天见到她。我们讨论了玛丽的庇护所也许对露西来说不是最好的地方。如果是这样的话，那么在接下来的四个月，露西将和我待在一起。伊丽莎白说，为了以防万一，她会立即着手寻找自行车拖车。她给我发了一张她女儿坐在狗床上的照片，并解释说阿比盖尔坚持要亲自测试宠物店中的每张床，以便为露西找到最舒适的床。阿比盖尔和她的同学们也正在为露西和她的朋友们捎去圣诞节玩具。

按照约定，我中午去了玛丽的摊位。她很高兴，但不热情。我仍然不知道我做了什么让她不高兴的事。我问我何时可以看到露西。她说今天不行，因为她忙着摆摊。她的助手说，他们看摊位没问题，这样玛丽就可以带我去看露西了。但玛丽还是拒绝了我。时间一分一秒地过去，我开始变得手足无措。最终，她的一位助手敦促玛丽带我去看露西，如果玛丽不愿意的话，她愿意亲自带我去。

玛丽似乎很不情愿，但她终于松了口，用助力车将我带到了山上的庇护所。我担心露西会认不出我，因为距离我上次见到她已经过去了三个星期。

我发现她被拴在外面的一个小狗屋里。见到我时，她很高兴，疯狂地舔着我，和我打招呼，并用她的头蹭着我。时间没有让我们生疏。但是当我看着她的眼睛时，我感觉到有些不对劲。我拉起她，给了她一个温柔的拥抱。我问玛丽露西还好吗，玛丽说她很健康。她解释说，她一直很忙，以至于露西飞往她新家庭的准备工作有些滞后。我再次看着露西的眼睛，但她的眼睛已经不像以前一样有神采了。我不确定该怎么做，也不确定我听到的有关玛丽的故事是对还是错。

她开始谈论暴风雨，并提到栅栏已经损坏，这意味着狗必须一直拴着。我点点头，问栅栏已经损坏多久了。她回答，两个星期。我问露西是否已经被拴在这个狗屋两个星期了，她犹豫了一会儿，说"是的"。

"暴风雨来临时，她也被拴在这里吗？"

"是的。"她说，"我曾考虑过将她带进去，但是我还有其他的狗。"

我曾在野外多次露营过，所以我知道土耳其的风暴有多么可怕。想到露西在雷暴天气中被拴在外面，我感到很痛心。我沉默了，知道在她的预算中没有修栅栏这一项。

我们去了玛丽的流动小屋，她在那里泡茶。当我们坐在外面喝茶聊天时，她再次表现出了友好的态度。她提到她在一次暴风雨中把一只狗放进了淋浴房。

"淋浴房？"我问。

"是的。"她说。

"你洗澡吗？"

她犹豫了一下，意识到自己的失误："是。"

"但是你好像和我说过你这里没有自来水？"

"我有一个大罐子，消防员每周会来装满。水是通过水箱中的水管流出的，因此实际上并不是自来水。""但是你说你没地方洗澡。"

"好吧，是的，我确实有淋浴，看看。"她抓起一束头发。"我俩头发一样，因此，你知道，我们的头发需要用一个强力淋浴才能去除所有的护发素。如果没有的话，它就会全部卷成这样。"

那一定是我听过的最荒谬的说法了。"是洗热水澡吗？"我问。

她再次犹豫，然后回答："是。"

"但是你说过你这里没有热水。"

"好吧，我有一个发电机，但是噪音很大，有时会断电。"

这个女人曾经告诉我这里没有自来水、没有热水，也没有淋浴，现在却承认这三个她都有。失望和困惑，我对此感到无语。然后，我们又谈起了露西。我告诉玛丽，我今天要离开去处理一些事情，然后我会回到露西这里。

"但是我爱露西，而且她现在更像是我的狗，而不是你的，因为我已经和她在一起三个星期了。"

当她告诉我说她曾经是露西和我的救命恩人的时候，她提高了她的嗓门。作为回报，她期望我完全忠于她。她大叫起来："我再也不想帮助任何其他动物慈善机构了。"我后退了一步，并对她的愤怒感到惊讶。好吧，这解释了为什么她之前这么难过，并试图阻止我来见露西。

她重复着，她曾经帮助过我，这意味着我应该回报她。说这些话的时候，她的眼睛睁得大大的，声音高亢。

那一刻，我仿佛听到了妈妈对我的咆哮：我是邪恶的、坏的、铁石心肠的。我曾经相信我的妈妈，但是现在站在这里，在庇护所里，我听到了玛丽话语中的悲痛。我感到了担心，但没有生气。

我坚定地告诉她，她的恐吓对我不起作用，我将继续尽我所能帮助所有动物。我重复道，我将带走露西，而这一切会得到露西的收养家庭的确认并同意。

我跪在露西旁边，温柔地道别，并给了她一个令人安心的拥抱。我们在尴尬的沉默中骑着助力摩托车，回到了她的摊位。显然，玛丽看上去还是很不开心。

当我回到朋友的公寓时，我想到了玛丽的爆发，突然间发现自己第一次问自己：妈妈那样对我是否更多是与她自己的挣扎有关，而不是与我或我所做的事情有关。也许我本没有那么可怕和糟糕，也许只是因为我妈妈遇到了问题。

我下定决心，联系了伊丽莎白，向她解释说露西会在旅途中陪伴我，然后向朋友们发信息求助，请求他们采购狗拖车并将其运到土耳其。

第二天早上，我在当地的一家狗狗庇护所里接受了电视台的采访，那里收容了数百条狗。记者们似乎并不关心我曾骑行过十个国家或救过一条狗。他们真正关心的是为什么我穿着土耳其的裤子。"因为我喜欢"的回答似乎使他们更加困惑，记者们面面相觑。对他们来说，一个英国女人居然喜欢穿全土耳其年轻女子都讨厌的裤子，这显然是非常荒谬的。我一直说自己有多么喜欢穿这条裤子，但当我低下头时，我却发现自己居然把裤子穿反了。

之后，我与瑞秋、伊娃道别，乘公共汽车去克伊杰伊兹湖取我的自行车，并和萨曼莎一起喝咖啡。我有个想法要和她分享。在我看来，如果社交媒体上的陌生人愿意帮助一只流浪狗，也许他们会愿意帮助更多的流浪狗。当我在四个月后将露西带到她的收养家庭时，也许不同的庇护所可以共同利用这一宣传，在国际上推动为土耳其的狗狗庇护所筹集更多资金的努力，并对土耳其政府产生影响，以改善流浪动物的生活。萨曼莎喜欢这个主意，并愿意提供任何所需的帮助。

第二天，我把所有东西都装在自行车上，骑到克伊杰伊兹汽车站，希望说服一个公共汽车司机把我和我的自行车以及所有装备带到费特希耶。一位叫宝拉的朋友，向我和露西敞开了她家的大门。我们可以住在她家直到拿到狗拖车为止。我发现生活正将我带回到首次决定环游世界的起点，这非比寻常。

当我从飞机窗往外看时，哈萨克斯坦变得越来越小，周围坐着的是我的伊朗自行车队友。为了此刻，我经受了艰苦的训练，但是我知道我将要摆脱这一切。飞机降落在德黑兰，我把自行车竞速设备扔回了赛车场，并预订了我能找到的最便宜的飞往土耳其的航班。抓起我的旧训练自行车、背包、比基尼和钱包，我乘出租车冲向机场。在到达伊斯坦布尔后，转机飞往土耳其南部，那里又热又干燥。我没有带帐篷和外套。

我之前从未去过土耳其，对它一无所知。我只知道需要时间和空间来决定自己将要做什么。

当伊朗国家自行车队为我提供一个职位时，我抓住了机会。我天真地认为，在国际自行车联合会的领导下，车队将确保一定水平的专业精神和保护。但现实似乎并非如此，因为女运动员每天都不得不忍受性别歧视。如果我们说出来，就有被赶出团队的危险。也许是由于我的过去，以及对自己不再被欺负的承诺，我说出了团队内部的歧视和欺凌，但于事无补。

我喜欢赛车，但讨厌这个环境。我仿佛回到了那个欺凌、不诚实、作弊和恐惧的世界。对我而言，竞技自行车的世界很残酷，太像我曾经努力置之身后的底层社会的生活了。我骑自行车付出了很大的努力才达到这个位置，但是现在达到了，我发现自己真的不喜欢这个目的。我要做出一个艰难的抉择：是在一个我不喜欢的世界里继续努力（因为我是如此努力才有了今天），还是与它划清界限，并尝试做点什么别的事情。

在安塔利亚降落后，我骑了120英里，到达地中海沿岸的一个现代化城镇费特希耶。正当我将自行车锁在一个柱子上时，我看到一个金发红脸的男人，推着一辆超载行李的自行车，朝我走过来。

"你好。"他兴高采烈地喊道，"竟然还有一个。"

我茫然地看着他。就在这时，一个身材苗条的金发女郎骑着自行车出现在我面前，看上去很不高兴。她看着那个男人，说："居然有两个。"

113

我疑惑地看着他们两个，究竟发生了什么事？

"我不认识她。"他回答。

他们俩都看着我。

"你是洗热水澡成员吗？"他问。

这俩人疯了吗？我说："听着，我不知道你在说什么或你是谁。"

"好吧，你在这里做什么？"他问。

我很困惑地回答道："我只是将自行车锁在这个柱子上，然后乘公共汽车去购票处更改从德黑兰到伦敦的机票日期。有什么问题吗？"

他俩突然大笑起来，就好像我说了他们从未听过的最可笑的话。他们解释说，Warmshowers（热水澡）是一个在线社区，世界各地的人们都向骑自行车旅行者开放他们的住所。这位金发女郎叫宝拉，她是女主人，乔恩是自行车旅行者，也就是她的客人。碰巧的是，他们约定就在这个地方碰头，在我锁定自行车的同一时间。

宝拉问我晚上住在哪里。当我说我不知道时，她也邀请我留下。宝拉想带着女儿从土耳其骑车到英国，乔恩已经骑自行车旅行了好几个月。那天晚上，我听他俩谈论骑自行车旅行，就在那时我知道我要做什么了。

我甚至都没心思完成在土耳其的旅行，直接从宝拉家骑车到了最近的机场，乘飞机返回苏格兰，将我的所有物品出售换成现金，然后，乘飞机飞往尼斯，毫无准备和计划地开始了骑车环游世界的旅程。

第十二章

"走吧,加雷斯来了!"宝拉和我激动地跑下楼梯,来到等候的汽车前,一个身材高大的瘦高个子正站在那里等候。

"你好!"他带着浓浓的威尔士口音喊道。

加雷斯乐于助人,热衷于骑行。几年前,他与妻子伊莱恩一起退休来到土耳其,他们花了很多时间帮助当地的流浪动物团体,筹集资金,散发食物,并将受伤的动物送去看兽医。加雷斯和宝拉是通过当地的一个自行车团体成为朋友的。她问他是否可以帮我接一下露西。

我在旁边兴奋地站着。是的，我们打算去接露西！我们还没有找到拖车，这有一点麻烦。因为只有有了拖车，我才能跟露西一起骑行穿越土耳其中部，同时为杂志社写稿子。但土耳其似乎没有现货。露西在英国的收养家庭正在研究如何将狗拖车从欧洲运到土耳其，但似乎也没有太快的方法。

在去往马尔马里斯的途中，我的手机上弹出了一条脸书的消息，是黛比发来的。她经营着一家苏格兰超大的自行车商店——"戴尔斯自行车"。她说她一直在网上追踪我的冒险经历，并询问我需要的拖车品牌和型号。我确认了我想要的拖车类型。几分钟后，她回答说，她的商店将为露西提供拖车，条件是我可以找到一个可以从苏格兰飞往土耳其的人。好运突然降临，令人难以置信！

"我们有拖车了！我们有拖车了！"我尖叫了起来，把加雷斯和宝拉都吓了一跳。

我现在所要做的就是将拖车想办法运到土耳其。加雷斯对此毫不担心他解释说，许多英国移民将在圣诞节飞回家看望家人，因此我们可以托人把狗拖车带过来。他说，他会立即将这一消息发布给外国的脸书团体。

上午9点，我们抵达了庇护所，兴奋又急切。一踏入庇护所的大门，我就开始呼唤露西。她飞快地跑了过来，用力扑在我身上，把我撞倒在地。她疯狂地舔着我，拼命地摇着尾巴。此时的我们沉浸在快乐之中。除了与露西团聚，在我生命中再也没有更快乐的时刻了。我们在地上玩了好长时间才重新站起来。

正当我站起来笑着梳理头发上的污垢时，玛丽出现了。我一直很担心见到她，不确定我们上次相遇后她会如何反应。在她上次说完之后，我想知道她是否会阻止我将露西带离庇护所，好在加雷斯和宝拉和我在一起。令人欣慰的是，这一次，玛丽很热情也很有礼貌，我们度过了一小时愉快的饮茶时间，谈论了她的动物和她庇护所的未来。离别时刻，我对她致以深深的感谢，然后把皮带拴在露西身上，穿过大门走了出去。我们冒险的新篇章正式开启了。

露西和我坐在汽车的后座上。在回费特希耶的两个半小时的旅程中，我一直搂着她，并时不时地参与加雷斯和宝拉关于自行车的对话。露西坐在我旁边似乎是一个梦，我不太确定之后等待我们的将是怎样的旅程，但我知道露西再也不会独自待在雷雨暴风之中了。

我们到达宝拉的住所，但是当我们靠近她公寓楼的入口时，露西拼命地拉着皮带往后退。我轻轻地拉了她一下，但是看到她的眼睛里充满了恐惧。在恐慌之下，她躺倒在地，无法动弹。我对比感到很困惑，我让其他人先进去，我待会儿再进去。我坐下来安抚露西说："没关系的，露西，你很好！你安全了，不会再有坏事发生了。"

我理解她的恐惧。在土耳其，一般不允许狗进入室内。我确信，露西在街上生活时，如果她靠近门口，就会被人用棍棒打、石头砸或被人踢；如果她曾经走进过屋子，一定会受到残酷的教训。

露西的生存取决于她赖以生存的环境规则。多年以来，露西一直不进入室内才得以存活，所以现在她如何知道这些规则不再适用，她能否安全地和我们一道进入房间呢？

我用手臂挽起她，将她抬上了五个台阶。我的手臂在重压之下有点紧绷。在公寓厨房的地板上有一个大狗垫。我把她放在上面，然后坐在她旁边的地板上，抚摸着她的后背，让她有时间去适应室内，这很可能是她一生中的第一次。她依旧困惑地待在垫子上，从不尝试去探索公寓。

我们整天都待在公寓里，给露西时间去适应室内的环境。宝拉和她的两个女儿很有爱心，她们很喜欢露西。露西则舔着她们，摇着尾巴回应着。我也带她在街区附近短距离散步了几次。她似乎很高兴，热切地观察着她的新环境。尽管如此，每次我们外出时，我都必须抱着她上下楼梯。她不仅拒绝上楼，同时也拒绝下楼。

有一次在户外，她平静地走在我身边。尽管她在经过一个垃圾桶时还是会拉着皮带凑过去。垃圾桶对于土耳其流浪动物来说是把双刃剑。当里面有食物时，它们可以借此填饱肚子。但有时人们会故意将毒药放到垃圾箱旁边，这会痛苦而缓慢地杀死包括狗在内的很多动物。每次露西冲向垃圾桶时，我都会将她拉回。我知道她要花很长时间才能明白，她不再需要猛扑垃圾箱寻找食物了。

那天晚上，我把她抬上阁楼区，我们就在那儿睡觉。她很重，我只能用胳膊架着它走上那陡峭的楼梯。我把她的大垫子放在床旁边的地板上，然后躺倒床上垂下手来抚摸着她。此刻的我感到幸福和安宁。渐渐地，我睡着了。

早上，加雷斯发来的消息惊醒了我。他说已经有三个人答应将露西的拖车从苏格兰带过来。我简直不敢相信，因为我一生中没有见过这么多善举。但是自从结识了露西以来，我体验到了太多的同情心、爱心和友善。

由于答应帮助的人都是假期回家后要返回土耳其的人，所以我需要待在费特希耶，直到元旦节后。小狗拖车到达后，露西就可以舒服地坐在里面，然后我们就可以开始穿越土耳其之旅了。对于我人生中的第一篇杂志文章，我感到十分兴奋。我写信给编辑，紧张地解释说我会带着一条狗骑行，但我应付得了。一切都出奇地顺利，我想捏自己一下，确认这是否是真的。

知道露西会和我一起进行艰难的土耳其跨越之旅，我得确保她尽可能健康。尽管马尔马里斯的庇护所说她很健康，但我注意到她的胃口依然很差。

我带她去看了别人强烈推荐的当地的一位名叫塞利姆的兽医。当我们走近诊所入口时，她像往常一样向后退，以躲开她想象出的门口怪物。我俯下身抱起她，但塞利姆阻止了我，并解释说露西必须进入自己的自由意志中，这样她才能信任他。我看了一眼露西，她并没有挪动。但我可以肯定的是，塞利姆要等很长时间她才会挪动。

他蹲到她面前，轻声细语地对她说了一些话后回到诊所。然后他再次蹲到她面前，等待着。就这样，露西慢慢地走进了诊所，走向了他。当她到达他身边时，他微笑着，轻轻地低下头去迎接她，并一边揉着她的耳朵，一边与她轻声交谈。这让我印象深刻，这位兽医显然对动物很有办法。

当他在对露西进行检查时，我告诉他，露西的胃口不太好。他建议让她吃一些自制的食物。我还向他解释了她对于进入室内的恐惧（正如他刚才所看见的）以及她拒绝上下楼梯的相关事宜。塞利姆说，我应该让她自己做这些事情，而不要强迫她。他是如此自信和令人放心，我满怀希望地离开了诊所，希望露西那天晚上能自己走进公寓。

露西戴着她的皮带平静地走在我身旁，我们朝海滩走去。我们来到一条繁忙的马路，车辆穿梭。站在路边几分钟后，我终于在车流中发现了空隙，然后我们开始过马路。当我们快要走到道路另一头时，露西突然惊慌地趴在地上，肚皮紧贴着地面，一动不动。我低头看着她，然后回头看看逼近的车流。我拉着皮带，心跳加速。汽车要过来了，我用力拉着皮带。显然，露西被吓呆了，她一动不动。汽车越来越近了，我试着去抱她，但我无法将手塞进她的身下。最终，我用力将她抱起，跳到了人行道上。汽车飞速驶过。

我把她放下，但她再一次趴在了地上。我不知道是什么原因导致她如此恐惧。我注意到我们旁边有条湍急的小河。当她仍然不挪动时，我抱起她，走过桥，越过河，在另一头将她放下。然后，她才开始走，好像什么事都没发生似的。难道是这条河也会让她六神无主吗？

我们继续赶路，前往露西最喜欢的地方——卡利斯海滩。我们来到一座小木桥上，露西再次肚子紧贴地面，用尽全身的力气趴着以免被移动。

我抱起她，带她跨过桥，当我们离桥有一段距离时，才将她放下。她继续走向海滩。

尽管现实中土耳其许多流浪狗的生活是一种折磨，但一些土耳其人正在努力改变这种状况。一位写了动物保护法的土耳其动物组织的主席邀请我在伊斯坦布尔与他见面，讨论我们如何利用露西的新闻报道为土耳其的流浪动物塑造一个更好的世界。这是至关重要的工作，我尚未同意去的唯一原因是我不愿坐12个小时的公共汽车，并把露西置之身后。

在卡利斯海滩，露西欢快地奔跑着，在沙滩上跳跃、刨坑。她与其他狗一起玩耍，并欢快地摇着尾巴向路人打招呼，她似乎摆脱了过去让她恐惧的恶魔。但是，当我们当天下午返回宝拉的公寓楼时，恶魔又回来了，她再次平躺在地上，寸步不移。受塞利姆的启发，我花了一些时间与她温柔地交谈，并用狗饼干哄她。二十分钟后，我将她抱起，放到了楼梯下。

我放下她，想听从塞利姆的建议，鼓励她自己上楼梯。她有些惊慌失措，疯狂地想回到外面。

最后，我承认失败了，只好再次将她抱起，并把她扛上五个台阶进入公寓。

在接下来的几天时间里，尽管我施展了全部的魅力和大量的饼干，但是都无法让露西独自爬上楼梯。虽然她抓伤了我的背，还使我手臂上的每一块肌肉都紧张不已，但我真的不介意抱她。真正让我担心的是，随着时间的流逝，她变得孤僻，明显的疲倦并拒绝进食。尽管经常带她出去散步，但她还是在宝拉的地毯上撒了两泡尿，我注意到她的脖子肿了，看着有些不对劲。

圣诞节前两天，我们又去看了塞利姆兽医。他检查了肿胀，并抽了一部分血进行狂犬病检查。如果测试表明她具有足够的狂犬病抗体，那么在测试日期的三个月后她将被准许进入英国。尽管马尔马里斯庇护所的单子显示她健康状况良好，但我仍对塞利姆谈起我长期以来的担忧。他建议做一个X光检查，看看她过去受的伤是否是造成这些问题的原因。我同意了。

塞利姆兽医回来时手里拿着几张X光片，脸上露出了一种怪异的表情，问道："伊什贝尔，露西怎么了？"我的心猛地跳了一下。

"什么意思？"

他重复说："露西怎么了？"

我解释说，我只知道七个星期前刚认识她的时候发生的事情。"我很确定她被卡车撞倒过，并且他们还可能试图把她扔进河里淹死，谁知道呢……"我不再胡说，追问道："怎么了？"

他犹豫地说道:"她体内有很多散弹枪子弹。"

我听不懂他的话。"你是什么意思,散弹枪子弹?"

"她曾经被枪击过。"

"你是什么意思,枪击?被什么枪击?"

"散弹枪。她的体内各处都有散弹枪子弹。"

他举起X光片子,开始数:头部、颈部、胸部、臀部和膝盖,一共是31枚散弹枪子弹。自从与露西见面以来的许多时候,我一直忍着不哭,但现在却控制不住地泪如雨下。有人竟然枪击了我美丽的小露西。想象着她遭受的痛苦,孤独而恐惧,手无寸铁,我的心都碎了。

X光检查还显示,露西的臀部骨裂,腿部骨折,脚掌被毁。塞利姆解释说,露西不能受凉,因为任何降温都会使散弹枪子弹内部的温度降下来从而引起她的痛苦。他说,这就是她为什么不吃东西的原因。他还说,其中的一颗子弹可能压迫到了她的神经,导致她脖子肿胀,他还给了我一些抗炎药和止痛药。如果肿胀没有减轻,则需要对她进行一次小型手术以去除这颗子弹。

露西在遇到我之前所遭受的苦难比我想象的还要多。我不仅为我美丽的露西感到悲伤,我还为全世界所有的"露西"感到深深的悲伤,他们独自在街头受苦。在那一刻我决定,我绝对会去伊斯坦布尔与动物权利活动家会面。

我将露西带回宝拉家，很庆幸天色已黑，别人看不见我的眼泪。我简直不敢相信露西被枪击过。我想到了塞利姆关于散弹枪子弹温度下降并造成疼痛的说法，露西不可能和我一起在冬天穿越土耳其中部。

想想，伊什贝尔，再想想。我还有什么其他选择？写这篇杂志文章对我继续骑自行车环游世界至关重要。我知道我得到了一个为户外杂志写稿的天赐良机。我不仅会因为这份工作而获得丰厚的报酬，而且也为我成为旅行作家打开了一扇大门。我奋斗的路上孤立无援，我要利用好这次机会。

但是，露西怎么办？如果她不能在寒冷中陪伴着我，她可以去哪里？我不信任自己不熟的庇护所，因为我听到过可怕的事情，而且此时，我没有太多时间与一个人建立起信任，因为那时已是十二月底。如果我要写关于冬季求生的文章，就必须马上出发。露西的幸福最重要，她已经受了太多的罪，我必须保护她，直到我可以安全地将她送到收养家庭。

🚲

我知道我必须放弃为杂志写这篇文章的计划了。

第十三章

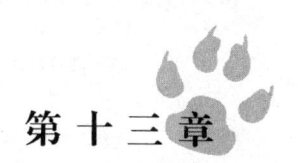

圣诞节那天早晨,是我多年来第一次高兴地醒来,翻了个身,伸手去找露西。露西还在床边睡着。我记起过去那些独自度过的圣诞节,自己打开礼物,上面是手写的标签,写着:"致伊什贝尔,圣诞快乐,爱你的伊什贝尔×××。"之后,我会在空旷的道路上骑几个小时的自行车,听听圣诞歌曲。回来后,我会洗个泡泡浴,伴着烛光和那些我买来送给自己作为礼物的豪华洗浴用品。晚餐总是在前一天晚上就准备好,因为我知道骑完自行车后会很饿。微波炉发出"叮"的一声,告诉我圣诞节晚餐已经准备就绪。装上咸菜，浇上肉汁，我坐下来端着盘子穿着我的节日服装吃饭，看电视节目。我喜欢吃圣诞饼干，两只手托着饼干吃。我戴上纸帽，对着四壁大声读笑话。晚餐后，我习惯来一瓶波特酒，然后眼泪就不自觉地掉落了下来。圣诞节是一年中我唯一无法用超脱来完全消除孤独的时刻。

我看着露西睡觉，揉揉她的耳朵。有了她，我的生活变得更加美好。哪怕是今天，一年中最糟糕的一天。得到一只狗无条件的爱似乎能让我忘却所有的伤痛。

我查看了脸书，发现宝拉也已登录。我输入："早上好！"她回答说："咖啡？"我咯咯地笑了起来，因为现在是凌晨三点。我把露西抬到床上，给了她一个大大的拥抱，并抚摸着她的肚子。那天是圣诞节，我真的感到很高兴！宝拉带着几杯咖啡到了这里，我们坐在那里谈论生活，直到第二天天亮。

早餐后，我决定带露西到卡利斯海滩散步。沿着费特希耶滨海大道散步真是美好的一件事，豪华游艇在海上起伏，郁郁葱葱的山峰落入翠绿的海水中。

露西在沙滩上嬉戏，不久又多了另外两条狗。我和他们的主人聊天后才发现，这两条也都是被救助的流浪狗。三条狗一起玩耍，就像他们是世界上最快乐的狗一样。看着他们，很容易忘却不开心的过去。此时，他们正在自由快乐地奔跑，就像过去的事从未发生过一样。看着他们开心的样子，我也想模仿他们开始适应新的生活，对过去释怀，活在当下。我知道过去的恐惧和伤痕仍然影响着我的生活，但是我也懂得那些不属于我现在或将来的生活，我必须遗忘。

走回费特希耶时，我想到了圣诞节，那时好心的朋友想要我和他们的家人一起吃晚饭。我很感激他们的好意，但是圣诞节我真的不想和别人的家人一起过。没有人知道晚餐时我借口去洗手间哭泣。但是今天，在露西的陪伴下，我没有感到悲伤或者缺少了什么。我没有感到恐惧，没有感到无助，也不用担心自己会被抛弃。我感受到的只有爱，我沉醉在这种感觉中。

那天晚餐时，我想知道自己是否会像过去一样伤感。但是我整夜与露西坐在桌前，与宝拉的家人共进晚餐，给露西喂了些美味的小点心，而且再也没有在洗手间里哭泣过。

在帮忙完成餐后清洁工作后，我爬到桌子下面与露西小睡了一会儿。醒来后，我从桌子下面爬了出来，让露西继续在那儿睡。我到客厅和宝拉养的小猫玩了一会儿。当我回来看露西时，我发现宝拉正站在饭厅里。看上去，她很沮丧。她说，露西又尿了。

我理解宝拉的愤怒，因为这是自我们来了之后露西第三次在地毯上撒尿了。她指责道，这令人难以接受，而且我带露西出去散步的时间还不够长。我和宝拉一样困惑，因为我知道已经把露西带出去过了。但我还是小心翼翼地走了进去，听到宝拉那刺耳的声音，我想到妈妈曾经告诉我，我是如何毁了圣诞节的。这就是我不能与家人在一起过圣诞节的原因，因为我毁了一切。

很快，宝拉冷静了下来并为刚才的事道歉。我肯定地告诉她，我才是需要道歉的人，并帮她清洗了地毯。第二天早上，她一如既往地端来咖啡，我们聊天说笑。然后，我收拾好行装，一遍又一遍地向她道谢。对宝拉来说，我们最好离开。因为我不知道露西怎么了，她很有可能会再次撒尿。于是，我带走了自行车和露西。

宝拉坚称她不希望我们走，她喜欢跟我们待在一起。对于她来说，她一道歉完，她对露西的愤怒也就一笔勾销了。但是我没有听进去她的话，我的脑海里不停地回响着妈妈的声音，而且我很确定宝拉不想让露西和我再待在她家。

🚲

我在节日里离开了宝拉的家，计划在卡利斯的海滩上野营一晚，然后租一间便宜的平房。

我们整个下午都在沙滩上闲逛，玩耍。筋疲力尽的我们正准备露营，这时天空阴了下来，一场大风暴在头顶上轰隆翻滚。在我还没来得及重新考虑我们的计划之前，大雨就开始下了起来。我抱起露西，然后将自行车推到附近海滨酒店突出的雨棚底下躲雨。

我们站在白色的大写字母"VOJOS"下瑟瑟发抖。我不知道，透过酒店的一扇窗户望着我们的是"动物援助"的创始人。这是当地一家帮助流浪动物的慈善机构。我正要把我的羊毛格子呢自行车罩套在露西身上，这时门开了，他们邀请我进去。我认出了他们中一些人，是在一次筹款活动中认识的。我感谢他们的邀请，但解释说我带着露西，不能让她独自待在外面。他们告诉我不要傻了，把露西也一起带进来。像这里的许多人一样，他们也是从新闻报道和互联网上了解到露西和我的。

动物援助组织的创始人之一安迪让我等一下，他去找旅馆经理谈一谈。他回来后告诉我，今晚我可以免费住宿，并且露西可以和我住在一起。我感动地点了点头，努力搜索着感谢之词。为什么会有陌生人帮助我们？

暴风雨整夜肆虐，我很感恩能搂着露西待在室内。接下来的几天，我们一直待在VOJOS酒店。我开始帮助"动物援助"

组织做工作。每天早上，我都会骑自行车巡游流浪猫聚集点，喂猫，检查它们身体是否健康或受伤。露西喜欢跟我一起去。她不会去理会猫，只是很高兴和我一起去冒险。当有人走近时，她会使劲地摇尾巴。

我记得我们初次见面时，我还以为她的尾巴是断的，因为她的尾巴一直藏在她的双腿之间。现在，她的尾巴高高扬起，而且还在不停地摇摆。

假期过得很愉快，早上做志愿者，下午在沙滩上玩。新年午夜到了，沿着海岸线，烟花漫天。

露西被烟花声吓跑了，我紧跟着她，发现她正躲在树后面发抖。我紧紧抱着她，但她依旧没有停止发抖，于是我将她带回我们的酒店房间，将她放下。每一声响动，她都会不由自主地颤抖，对于她来说，这听起来更像是从天而降的子弹。

到了早上，崭新的一年开始了，露西所做的第一件事就是自己走下了酒店的楼梯。就这样，在不指导不哄的情况下，她自己走下去了。从那一刻起，她开始毫无顾忌地上下楼梯，这真是新年新气象啊！

在元旦那天，我穿着毛茸茸的动物服装，和其他人一起在海里游泳，为当地慈善机构筹款。每个人都认识露西和我，并且认识我们的人越来越多。这是我第一次感觉到自己是社区的一员。走到街上，我有点不太习惯，因为随时会有人认出我并跟我打招呼。但是，我真的很开心。

除了我仍然担心露西以外，一切都是完美的。塞利姆向我保证，露西的症状是由她体内的散弹枪子弹引起的，但我隐隐感到有些不安，因为我觉得她的行为有些不对劲。她会突然变得暴躁，对其他狗狂吠，并拒绝在海滩上坐在我旁边，宁愿独自坐着。而且她的食欲还是不好，如果不是我积极督促她吃饭，我想她都不会吃。我想带她再去看看兽医。

加雷思载我们去了塞利姆兽医店。兽医重复说，露西遇到的问题是散弹枪子弹变冷了。我解释说，晚上在我房间里，她都盖着毯子。但他说，即使在较温和的温度下，金属仍在冷却。

因此，我开始给露西穿我的羊毛呢子自行车套。但是我依旧担心她。一直以来，我都在给伊丽莎白发信息。当她告诉我她有一位动物行为专家将与兽医一起工作，以确保露西尽可能顺利地过渡到他们家时，我才感到些许安心。

有一天，我在一家小慈善商店的橱窗里发现了一件粉红色的羊毛衣，上面写着"甜心"的字样。我去掉毛衣的手臂，将它套在露西的身上，非常合适。这样可以使她保持温暖，并防止散弹枪子弹冷却后给她带来疼痛感。

133

当我贴出露西穿毛衣的照片时，在社交媒体上收到了很多消息。有些人喜欢这件毛衣，而另一些人则评论说，打扮一条狗真令人恶心，并且还扬言要取消关注。一名追随者指出了毛衣上的字拼写错误。原来，这些单词是"汗心"的意思而不是"甜心"。遇到一个像我这样的人，露西真是可怜！

新年过去一周了，狗拖车终于到了，当时一对夫妇从苏格兰飞过来，并亲自将它送到了酒店。尽管我们不再需要为杂志写文章而骑着它穿越土耳其了，但我计划尽可能长地继续我们的旅行，直到露西获准前往英格兰。这个串联拖车对于旅行而言，将是比单车更为豪华的选择。

每个人都期盼着我将露西放进去，带她出去兜风。但是在我确认它安全之前，我是不会使用它的，因为我要亲自测试一下它的性能。海边咖啡馆，在喝着咖啡的当地人的喧闹声中，我坐在拖车里，随它一起在滨海大道上上下下，以确保它对露西来说是安全的。

现在是时候将露西放上拖车了。对此，我感到紧张。如果她不喜欢怎么办？我将她抱进去，把缰绳扣进她的项圈。缰绳能防止她跳出去，同时也足够长让它可以在拖车内四处移动并躺下。她从容地坐着，头伸出车前部。我继续抚摸她，并告诉她，她是一个好女孩。然后我骑上自行车，放心地看着露西，踩下踏板，我们出发了。

我们一开始收到了许多掌声和欢呼。我回头看了看露西的情况，她高高地坐着，就像她是马车上的女王，而我是马一样。这是一个美好的时刻，不仅对我们来说如此，对于每个帮助实现这一时刻的人来说也是如此。如此多的陌生人一起帮助露西。我在滨海大道上来回骑了好几遍，之后给了露西许多拥抱和好评。

两天后，她的检测结果到达了塞利姆的办公室。结果显示她有足够的狂犬病抗体，可以在三个月后进入英国。这意味着在3月26日，我们将被允许进行申请工作，这将使她可以自由地去往她的新家。

现在我们有了拖车和检测结果，从理论上来说，我们可以自由出发，继续骑单车环游土耳其。但是，我决定推迟离开卡利斯直到2月，那时天气好转，风暴减少。当我们真正出发时，我将继续沿着南部海岸骑，那里的天气会温暖一些，因此对露西来说也好一些。

VOJOS酒店即将关闭。我在卡利斯遇到的一位救援志愿者为我们提供了他家的一个空余房间。在旅馆待了一个月后，好心的主人拒绝收取任何收费用，露西和我与布莱恩和他的两只狗一起搬进来，等待着天气的好转。

布赖恩来到了安静的卡利斯,并为当地的飞镖队效力,并以经常出现在卡拉OK场所而闻名。他有一栋漂亮的三层楼,五个卧室,还带一个游泳池。露西和我都很喜欢居家生活。每天晚上,布赖恩的两条狗都跟着他到床上,但是露西从来没有跟着我走上楼梯爬到我床上。取而代之的是,她睡在火炉旁的一张大沙发上。

我们在那里很满足,很放松,经常去海滩散步。不过,露西的食欲仍然很差,每隔几天我就会发现她变得闷闷不乐。考虑到她当时在一个有火的温暖房子里,我简直看不出她来自散弹枪子弹冷却后的症状。所以我再次带露西去见了塞利姆,但是这次他说我不用再送她过来了,因为她已经确诊。

打扰他那么多次,我感到很抱歉。但我仍然感到露西有点不妙,而且并不是因为散弹枪子弹。

第十四章

2月14日,我们离开了卡利斯,开始我们的骑行之旅。我坐在紫色的城市自行车上,露西则坐在她的豪华拖车里。

我认为卡利斯给我们的待遇好到超乎我们的想象!离开卡利斯社区,我有些伤心,因为它庇护我们度过了一个美好的土耳其冬季。

我将装备随意地塞进挂包里,通常我都是在路上慢慢整理。我们于下午两点半从卡利斯出发,这意味着我要拼命骑行,然后找一个地方扎营,因为这里在下午六点时天就黑了。

我发现路左边有一条小道。于是，我停了下来，让露西从拖车里出来，这样我就可以将自行车推过堤岸，下到路的另一侧。我们最终来到了一片草木覆盖的田野，那里可以欣赏到地平线上的雪山全景。我扎营的时候，露西在田野里探索。

那是一个寒冷的夜晚，我知道露西更愿意睡在寒冷的外面守着我的自行车，尽管她极其不乐意，但我还是把她抱进了帐篷里。

我凌晨五时醒来，因为露西想出帐篷，但没有成功。于是，她改变了计划，绕着帐篷的内边缘奔跑，而我则平躺在中间。这法子起作用了。我拉开帐篷的拉链，放她出去了。

天还黑。一股冰冷的空气刺痛了我的脸，冰掉落在了我的手臂上。太冷了，我的帐篷上都结冰了！除了有一次冬天在苏格兰的一座小山上忘记了带帐篷柱，这是我经历过的最极端的一次露营了。连帐篷上都结了冰，我真的是一个货真价实的冒险家。

我迅速将露西带回温暖的帐篷里，为此她在我脸上和脖子上留下了一个爪子印，一个很漂亮的爪印。露西已经习惯了睡大沙发，这是我们再次露营的第一晚，我想她需要一个过渡期。

第二天早上骑车时很冷，但是路况平缓舒适，车辆少。

我们沿着一望无际的绿色草地踩着踏板，沿岸是白雪覆盖的群山，一直延伸到灿烂的蓝天。我享受着每次平稳而轻松的行程，非常清楚这种行程不会持续多久。确实，那天晚些时候，在抵达海岸时，这条路变得狭窄而曲折，上下起伏，一边是垂直的山岩，而另一边则是陡峭的大海悬崖。风景雄奇壮美，但是带着一个拖车在风景中穿行，着实很艰难。

骑行进展缓慢，不知不觉已经到了晚上，我需要找个地方扎营。在路障和大海之间，我经过了几片小小的草丛，我知道那儿很适合搭帐篷。但是，如果我翻身或者露西试图出帐篷的话，我们有可能会从300英尺高的地方掉入海中。

又踩了几英里，我越来越担忧。天真的黑了起来，但是我无法骑得更快，因为我还要额外拉着包括露西和拖车在内的75磅重的物品。

最终，我看到远方黑暗的海岸线上灯火通明，说明有一座小城。我用力骑着，思索着是否会在天黑之前到达。一会儿，天就黑了，我不再想了。糟糕！

几英里后，我到达了一家豪华酒店，明亮的枝形吊灯透过巨大的窗户照在我的左侧。在我的右侧，我发现了一条进入树林的小路。我决定顺着它，看看是否可以找到一个露营地。

我让露西下了拖车，推着自行车下了陡坡。到了一扇上锁的门前，前面是伸向大海的木地板。我站了几分钟，四处张望，侧耳倾听。这里似乎是一处荒废的房屋。

我把自行车留在原地，走过门边，静静地在木板上行走。

前面是我见过的最迷人的夜景之一。小镇的美丽灯火照亮了海湾的另一侧，而前方则是漆黑一片，波浪起伏的大海，后面是黑压压的高低起伏的山峦。多么完美的露营地啊！

我四处行走，寻找可以支帐篷的草地。在一个空空如也的刷着白漆的海滩酒吧旁，有一个小坡，在那儿我发现了一片草地。我不确定我的帐篷是否可以搭在那里，需要尝试一下。

我跑回自行车处，取了帐篷，很快便搭好了。我实在是太累了，不想做饭，拿了几包饼干，爬进了帐篷。露西相当满意地走进了"屋子"。一钻进睡袋，她很快就睡着了，而我还在嚼着饼干，然后很快我也睡熟了。我的头发里还散落着一些饼干屑。

洒满帐篷的亮光使我从沉睡中惊醒，一个土耳其男人在大喊大叫着。我认真地听了一下，只听到一个声音。我释然了，知道外面只有一个人，但他听起来很生气，并且显然没准备离开。

我拉开帐篷的拉链，瞬间感觉我的眼睛快被强烈的光线给照瞎了。我只能迅速将帐篷的拉链拉上，要求对方将手电筒指向下方。但他似乎听不懂我的话，仍在用土耳其语大喊大叫着。我拉开帐篷的拉链，又一次被晃到了眼睛。无奈，我只好再次拉上了拉链。

很明显，他听不懂英语。但我不知道该怎么办，所以我再次要求他放下手电筒，因为那会使我的双眼看不见任何东西。但是，他还是拿着手电筒直直地照向我。最后，我拉开帐篷的拉链，从他的手中夺走手电筒，塞进了我的帐篷里。我好像看见外面那个男人看我的时候有些目瞪口呆。

他开始要求我离开。我的英语没什么用，但是我解释了，很抱歉，没有灯，我天亮就走。他什么都不懂，伸手去拔帐篷栓。

"你敢碰我的帐篷！"我奋力地喊道，更多的是惊慌，而不是虚张声势。

他被我的语气吓到了，然后从口袋里掏出手机拨通了一个电话。我问他要手机，他不肯给我。我很绝望。此时，我根本不想离开。我伸出手再次问他要手机，无果后，我抢走了他的手机，然后放在耳边。

那人会说英语，他是马路对面的旅馆老板。我求他不要让我们去外面的黑暗里过夜。当我告诉他我独自一人带着狗和自行车时，他说欢迎我们留下来。我向他的保安道了歉。我松了一口气，为擅闯旅店的地盘向他道歉，并告诉他，他的保安也是在忠于职守。

第二天一早，我想收拾行装，火速离开，但出于热爱，我又花了几分钟时间望向大海和岛屿。这里好美！前一天的惊魂已定，心情平静，心怀感恩，我重新踏上了环游世界的自行车之旅。

几英里后，我们到达了卡斯，一个小渔镇，建在绿宝石海岸的山坡上。这里街道狭窄，沿路都是茉莉花。我喝了一杯咖啡，然后在上午9:30开始艰难的攀登，离开了卡斯。顺着蜿蜒的山路，穿过松树林。令我非常郁闷的是，在骑了7英里后，我还在爬坡，这时已是下午4点了。在一个地方，一个小男孩从一所房子里跑出来，走过我身边，在我面前的山上漫步。我太慢了，甚至都无法跟上他悠闲的步伐，我只顾凝视着自行车底下的水泥地。不知何时，他已经消失在我的视线之外了。

一路艰难、缓慢的进展突然使我充满了怀疑，也许我们到达不了终点哈塔伊，它还在700英里以外，也许我们连一半都到达不了。我当时拖着200磅的物品，自行车、拖车、行李和露西，翻山越岭，其中一些路段甚至都没有柏油马路。我不知道我当时到底是怎么想的，要尝试在如此艰难的道路上骑行，还带着这些重物。

仿佛天公也被我感动，乌云密布，一个雨点落在了我的脸颊上。糟糕！现在我不知道自己能否会在日落之前通过这一关。

我看到一个背着木头的牧羊男孩，就用土耳其语大喊"你好"。当他用英语大喊时，我刹车，问他到山顶还有多远。他说距离实在太远了，今天到不了，并且雨要来了。他介绍说自己是托伊加尔，并指着旁边田地里的一栋白色农舍，上面铺着橙色的屋顶，邀请我们露营。

太感激了！我推着自行车跟在他后面，将车靠在他房子的墙上。然后，他带我穿过一个满是山羊的小农场，经过一个鸭塘后，我们遇到了一个矮矮胖胖的女人，穿着宽松的土耳其裤子，厚羊毛衫和一条深绿色的羊毛头巾。他向我介绍了他的母亲乌姆，当她面对一个外国人时，看起来有些震惊。他用土耳其语对她说了几句，于是她的脸上露出了微笑。

我们继续穿过田野，在我帮助托伊加尔放牧山羊时，农场的狗与露西一起玩耍。当雨开始下时，我在屋子旁边已经搭好了帐篷，然后跟着托伊加尔进到屋里。这家人的房间温暖而温馨，白色的墙壁，红色的长椅，角落里有一个燃木火炉，我知道这个叫soba。露西在外面发现了一个大沙发，在一个伸出去的屋檐下面，这样即使是下雨天，她在那儿也不会被淋湿。她躺了上去，四周围着她的新玩伴。

143

我看着乌姆用炉子准备晚餐，就盘腿坐在旁边。她用一块正方形的布覆盖地毯，并用一个圆形的金属托盘准备食物，这是土豆、洋葱、鸡蛋、橄榄和胡椒粉的美味组合。当她煮饭时，我注意到她前后来回伸腰以拉直后背，她看上去很痛苦。对于土耳其的词汇我知道得不多，没法解释我是一名按摩治疗师，所以我用动作加上她儿子的简单英语来解释，再指着我和她的背上做动作。我给她竖了一个向上的大拇指的手势，然后又竖了一个向下的大拇指手势。她竖了向上的大拇指作为回应。于是，我让她坐在沙发上，一边按摩她的背，一边教她的儿子托伊加尔怎么做。这样，当她每天结束一天的田间劳作时，他都可以这样做来帮助她缓解不适。

睡觉时，他们邀请我到里面过夜。在我遇到露西之前，我会很乐意在温暖的被窝里睡觉，但现在我不能把露西独自留在外面。不顾他们的劝阻，我坚持要和露西睡在帐篷里。我迅速跑进我的帐篷里，外面有风还很冷。

那时，我还没有足够的在恶劣天气下野营的经验。我躺在强风之下的帐篷里，大风猛烈地冲击着帐篷的侧面。当时我立马意识到，如果我把帐篷搭在房屋的另一侧的话就会好很多，因为房屋就是最好的挡风棚。

我从未经历过如此痛苦的寒冷。我甚至无法穿上毛衣，因为露西把它当了枕头。我被冻了整整一夜，那时的我是多么希望自己是在房子的另一侧搭帐篷啊！晚上，外面的一条狗一直想进入我的帐篷。很明显，它进不来。我为此感到非常抱歉，如果只是我一个人，我会把这只狗放进来，但是我知道露西是不会容忍的。

经过一个不眠之夜后，阳光终于到来，带来了一丝温暖，我安心了不少。我快速地收拾好了行装，这样我们就可以继续前进了。离开之前，我受邀去吃了顿早餐，又是土豆、洋葱、鸡蛋、胡椒粉和橄榄，这些对于前面的路来说是一个完美的食物组合。在不得不面对外面即将到来的严寒之前，我很享受喝茶的温暖时刻。

为了逃避严寒，我坐在火炉旁，用手指理着被风吹乱的头发。突然，托伊加尔出现了，拿着一把梳子，替我梳了头发。这是一个特别的时刻：饱餐，柴火的温暖，还有人帮忙梳理我凌乱的头发。

在相互道别后，我骑车驶入了寒冷灰色的一天。

第十五章

　　昨天，我好多次以为抵达了山顶，但并没有。而今天，从托伊加尔的家出发后仅仅一个小时我们就到达了山顶。我庆幸自己今天不用再爬坡了，因为我真的很讨厌爬坡。

　　我们快乐地滑下坡，欣赏着翠绿的海岸线和众多岛屿的壮丽景色。到达山脚后，我在海滩边的一家咖啡馆停了下来，为露西买了土耳其肉丸做早餐。服务员冲着我们的桌子就跑了过来，我以为他是来驱赶露西的，结果恰恰相反，他掏出手机，指着屏幕，上面有一张我和露西的照片。这是托伊加尔发在脸书上的帖子。难道在土耳其边远地区工作的牧羊人也能用脸书？我竟不了解这个惊人的互联世界，不禁嘲笑起自己来，立即向他发送了一个朋友邀请。

接下来的几天是爬陡坡，白雪皑皑的远山、迷人的森林和荒芜的海滩。我们终于接近安塔利亚了，这很重要。许多次，我都怀疑自己能否到达哈塔伊，因为对我来说，能到达半中央都是令我难以想象的。

我顺着路走进了熙熙攘攘的城市，脸上挂着灿烂的笑容。我直奔超市，目的是在今晚做一顿大餐，作为对我们自己的奖励。到达安塔利亚的另一边后，我在一条泥土小径上扎营。在野外露营时，我从未烹制过肉制品，因为做起来麻烦不说，还会引来别的动物。通常，我会将杂豆浸泡在保温瓶中，将其闷熟。但露西一直没怎么吃东西，于是我开始为她煮鸡胸肉，她似乎很喜欢并且愿意吃一些。

我盯着炉子和炉子上为露西做的鸡肉，幻想着那是自己的晚餐。突然，小煤气炉着火了，我赶紧关掉了煤气，但炉子还是坏了。我告别了我的炉子。它花了我五美元，一路上为我尽职服务，陪我穿越了十个国家。露西吃了晚餐，但是似乎我得挨饿了。

结果证明，我不会挨饿。一对友好的老年夫妇奇迹般地出现在我的帐篷旁，邀请我去他们家吃饭。准确地说，妻子出现在我的帐篷旁，而丈夫则站在田野的30英尺处，露西猛烈地咆哮着。男子的眼睛里充满了恐惧，不敢向我们迈进一步。

露西身上有部分坎高犬的血统，坎高犬作为羊群的杰出守护者而闻名于世。坎高犬永远不会离开它们保护的绵羊，它们甚至可以击退整个狼群。我听说过一个故事：一场突如其来的暴风雨袭击了一个土耳其村庄，绵羊被围在一个棚子里进行保护，村民们注意到他们的坎高犬不在。他们知道出问题了，因为一条坎高犬从来不会离开它的羊群。人们出去寻找那条狗，最终发现它躺在田野里。大家都以为它死了。但当他们靠近时，看到它正在呼吸，眼睛睁得大大的，却没有动。当他们拽起狗的时候，发现它身下一只新生的羔羊。这只狗一直在为它保暖躲避暴风雨。我想露西心中的羊群应该就是我、帐篷和自行车，而她则努力地保护着我们。

我叫露西走开一点，但她还是待在原地。最后，我走过去抱住她，对露西的行为向女主人道歉。

这对夫妻把我带到他们家，让我饱餐了一顿。他们还邀请露西和我睡在他们屋子下面一间闲置的公寓里。他们再次克服了自己对于狗的畏惧，让我们待在室内以确保我们安全舒适。第二天早上，当我准备离开时，女主人拿出一条围巾，替我绑在头上的面纱上。她退后一步，看上去很激动也很开心。陌生人的友善再一次让我感动不已。

告别后，我就顶着密布的乌云出发了。预计该地区将经历三天的强烈风暴。通常我不会去费事查天气，但想到了塞利姆的建议：为了露西的健康，尽量避免让她感冒。我不想让她受三天的风雨之苦。

远处的天空，我看到了一道光越来越亮。今天的任务是跑赢雨水，追光逐暗。我知道明天之前不会超越它，所以决定今晚就在暴风雨中歇息。

车把袋里塞着满满一大包葡萄干，我整天带着200磅的载重疾驰。我不想让露西感到又湿又冷。但我们距离下一个城市阿拉尼亚将近90英里。

八个小时后，当我们驶过阿拉尼亚的欢迎标语时，夜幕已然降临。我们战胜了雨云！露西会再度过干爽的一天。我简直不敢相信自己一天之内带着那么重的东西骑了90英里，我非常感谢我的双腿为我竭尽全力，同时也帮助了露西。

我在网上发现阿拉尼亚有一家接受狗的旅馆，就预订了一个房间。当我骑车出发去旅馆的时候，雨开始下了起来。

暴风雨持续了三天，我们在旅馆的房间里躲着。在偶尔雨停的间歇，露西就和我们旅馆外的沙滩狗一起玩耍。

第十六章

露西的一天从战斗开始,对我来说却以同样的方式结束。但是一天早上从阿拉尼亚出发,我们感到神清气爽,却对即将发生的事情一无所知。

那天早上,我们停在了一片广阔而美丽的海滩上。一条毛茸茸的大狗朝我们走来,摇着尾巴,脸上露出一种傻乎乎的快乐表情。露西跳到我们之间,露出牙齿。突然,两只狗扑向对方,随后发生了一场恶战。那条毛茸茸的狗更大、更强壮,它咬住了露西的耳朵。

我踢了那条狗一脚,但是没有起到任何效果。然后,我用尽全力叫喊着,让它俩立马停战,有我在,变得乖点。令人惊讶的是,它们马上停了下来,彼此背对着离开,然后躺下。我洋洋得意,认为这一定是苏格兰口音起作用了。无论你说哪种语言或属于哪个物种,只要苏格兰人对你大喊大叫,都会令人心生恐惧。我给两只狗检查了一下,都没有受伤。然后,我们继续骑行。那天,我暗自决定不再在海滩逗留了。

当天晚些时候,爬坡再次开始。那天成了我这次世界骑行之旅中最艰难的时刻。通常我会使用上坡路作为露西的运动时间,但是这条路太窄太弯了,以至于她无法从拖车中出来,所以我只好拖着她走。我已经骑完了法国阿尔卑斯山和比利牛斯山脉的全部里程,并且征服了凶险异常的苏格兰比来克·那巴山口,那里摧毁过许多骑手。但是,我从没骑过如此陡峭的山路,笨重的车加上笨重的狗让它显得更陡峭。

我一直在心里咒骂修路者,骂他们修建了这条连绵不断的地狱之路。但后来,在我领略了之前从未领略过的、最美丽的骑行风景之后,我的怒气渐渐消了。只有我、自行车和露西走在狭窄曲折的道路上,远眺松树覆盖的群山,落入蔚蓝的大海中。此时此刻我又开始感恩起来,因为自己何其有幸一览大自然的壮丽。尽管如此,道路仍然很艰险,所以这段时间的体验

拯救露西

很奇特，痛并快乐着。

天黑之前，我开始寻找一个可以露营的地方。沿着海岸骑行意味着这条单车道深入山体一侧，像一道紧绷的发夹。因为开始找得早，我确信自己会成功，但我错了。真糟糕！天很快就要黑了，但没有地方可以停自行车，更不用说搭帐篷了。

一辆卡车笨拙地驶过我们，然后在前面停了下来。我警惕了起来。当我靠近时，司机走出了驾驶室，向我挥手示意。他醉醺醺地走着路，并警告说天快黑了，这条路不安全。我解释说我会很快停下来，但他说无处可停。他说，像这样再走几英里，还有一座大山。他说这条路白天很危险，而晚上则无法通行。他提出要开车送我到山上的另一个小镇，在那里我可以露营。

我别无选择，只好无奈地搭了这趟便车。当我将自行车和拖车绑在卡车尾部时，我拍了照片，但是由于没有移动信号，所以我无法将照片发送给任何朋友。我坚持要求露西和我一起坐在前面，因为只有那样我知道他才不会乱来。

这个人对危险的忠告是正确的。到现在，天已经黑了，我们仍在爬山路。我很感激他停下来搭我们一程。最终，我们到达了陡峭的山坡顶部，可以看到下方小镇的灯光。他将送我们到那里。他将车开进了山顶上的一个小停车场。我什么也看不见，因为天很黑，但我能听到很多狗吠声，他的头灯在卡车外的一群野狗身上闪烁着。

我不知道他为什么停了下来，我以为他要去洗手间或活动一下筋骨。我以为他会非常勇敢地走出车外，与那些野狗待在一起。他关掉了引擎，我透过车窗望着聚集得越来越多的野狗，在车门前狂吠。露西坐在我两腿之间的地板上，抬头看着我，我抚摸着她，告诉她，她是一个多么好的女孩。

这个男子没有离开，而是转向我说："玩玩。"

"什么？"

"玩玩。"他说，"玩玩。"

我看着外面的狗，然后又看他，从容地摇了摇头。"不行。"

"要么玩玩，要么出去。"

"不行。"我坚定地说。

他生气了，坚持要我出去。

我看着车门外的那群野狗。天哪，我没法出去。我回头看着他。天哪，我也无法给他想要的东西。想想，伊什贝尔，想想。我没有出路，我没有手机寻求帮助，我也不能逃跑，否则野狗会抓到我。当时的我紧张得不得了，但是如果他胆敢碰我，我一定会和他打起来。我每天拉着200磅骑行，已经变得很强壮了，并且我很确定只要开打，获胜的一定是我。

在我的生活中，我对付过很多想要伤害我的男人。我知道，想要摆脱这种情况的唯一方法就是让自己变得强大。我必须让他按照我们的约定开车送我们下山。

我竭尽全力地喊着，要他遵守承诺把我们带到镇上，并用力指向下方的灯火。他同样向我大喊，因为被我拒绝他很生气。我又向他咆哮，让他按照我的指令去做，然而他也对着我大喊大叫，说要么玩玩要么出去。我愤怒地回应道，我不出去，也不和他玩玩，他必须把我送到山下。

他停止了大喊，目视前方，额头上突然青筋暴起。然后，他启动了引擎，在寂静的山坡上驶向城镇边缘。他停了下来，喊着要我出去。我怀疑只要我一下车，他就会驾车带走我所有的东西。我想到了人们为了让露西获得这部拖车而付出的所有努力，所以我并不想放弃。

我告诉他先卸下我的自行车和拖车，我才能下车。喊叫比赛继续，他拒绝了我的要求，尖叫着要我出去。我大叫着回应道：不，我只有在他卸下了我的自行车时才下车。

突然，他看着露西。当他拨通电话并开始讲土耳其语时，双唇弯曲，愤怒地嘲笑着，他打完电话就离开了车。我坐着不动，不知道接下来会发生什么。

有士兵过来了，情况变得越来越糟糕。他开始和他们说话，并愤怒地向我做着手势。我坐在原地。除非我得到我的自行车和露西的拖车，否则我哪儿都不去。一个士兵出现在我面前，打开门，叫我出去。我说除非将我的自行车从卡车上卸下来，否则我不走。他愤怒地重复着要我马上离开卡车。我犹豫了一下，然后告诉他给我一点时间来收拾我的背包。

他回到了士兵和司机中间。我听不懂土耳其语，也不知道他们在说什么和即将发生什么。我吓坏了，跳下来拉起露西，开始朝那群人走去，眼泪从我的脸上滚落下来。士兵们都转过头看着我，转眼间他们的表情从愤怒变成了关心。他们转向司机，司机在摇头。我用力地指着他喊着："坏男人，坏男人，坏男人！"

警察赶到后，司机被拉走了。他们要看我的护照。我的护照？！我记得在阿拉尼亚的酒店接待处我忘记拿回来了。现在我感到十分焦虑，我甚至都不记得酒店的具体名称。于是，我在纸上写下了我的名字和网站，并要求土耳其士兵在谷歌上搜一下我。士兵用谷歌确认了我的身份后回来了，他跟一名军队翻译在电话里交谈。原来，司机告诉士兵我正在搭便车，他说他接了我，但是露西袭击了他，这就是为什么他要我出去。但是后来我从卡车上出来，他们看到我身上的衣服都被撕破了，于是就逮捕了司机。

155

我一直试图告诉翻译，实际上司机并没有撕开我的衣服，我的衣服本来就是那样，但他们不相信有人会穿着那样的衣服，特别是一位英国人。他们问我想如何处理司机，我说我想通知他的雇主，但是他们说他是自雇人士。于是，我同意他们的意见可以让他入狱一晚。

他们卸下我的自行车就走了，然后我把所有东西整理在一起也离开了。然而，我的双腿一直在发抖。在几百码外，我来到一家二十四小时餐厅门口，停了下来。我走进去，腿仍在抖，我问能否在那儿搭帐篷过夜。他们答应了。

我坐下来点菜，突然感觉非常饿。一家土耳其人坐在旁边，刚吃完饭。他们开始和我聊天。他们曾在美国生活过几年，他们的英语很棒，还点了汤和茶送给我。他们一家人友好而热情，有着非常奇妙的幽默感，以至于他们在几分钟之内就让我笑了，而我也忘记了刚刚的糟糕经历。

早上，当我收拾行装时，那家人的父亲送给我一个新的充电器，他的妻子给了我一个漂亮的石头戒指，希望它能保佑我。他们替卡车司机道了歉，并说土耳其虽然有很多坏人，但他们想让我知道土耳其也有很多好人。

那天，我迎来了一直祈祷的平坦道路，但逆风如此强劲，我几乎无法踩动踏板。我骑行的速度与人们走路的速度差不多，此时的我又尴尬又沮丧，我想知道他们会怎么想。我想放弃，真的非常想放弃。

我在前面发现了一座小山，山边有一家咖啡厅，我一定要进去喝杯咖啡。于是，我坐下来点了一杯咖啡，然后不知不觉间，把饱受风吹的脸靠在了桌子上。当我抬起头时，他们还没有把咖啡给我送过来。我看了看时间，发现自己已经睡了半个小时了。终于，他们给我送来了咖啡，我像喝龙舌兰酒一样一饮而尽。然后，我起身把露西放进她的拖车里，并想尽我所能尽快攻克这座小山。

人们总认为我必须强壮才能骑自行车环游世界，但事实上很多时候我一次可能只骑一英里。有时候我的身体很遭罪，而道路却不会怜悯我。在那些日子里，如果只考虑距离目的地的远近，那我必定是无法实现目标的。相反，我只专注如何抵达下一英里，必要的时候，我会一直重复此过程，只是为了继续前进。

那天晚上，我进入帐篷时，不需要将露西也拖进睡袋。因为这里比沿海数百英里以北的地方要温暖得多。我躺着，筋疲力竭，想着明天的山会什么样，我能应付吗？我不知道我是否能做到。明天我会放弃吗？也许吧！我已经快要放弃了。明天会是我们冒险的终点吗？

拯救露西

凌晨四点,我在帐篷里醒来,露西瞪着大大的眼睛望着我,她的脸距离我就只有几英寸。我哈哈大笑起来。非常感谢那些时刻,感谢她在飞向永远的幸福生活之前,必须陪伴我的三个月等待期。曾经,每天我都强迫自己想象一下,我把她丢给她在英国的家人,然后离开她去骑行。我希望这可以帮助我为未来做好准备。我不知道我要花多长时间才能完成环球骑行。我不知道她体内的散弹枪子弹是否正在慢慢毒害着她。当我们告别后,我还会再见到她吗?

第十七章

　　山的陡峭程度甚至比我在帐篷中预想的还要糟糕，前面的小山看起来很凶险。前天晚上我的担心并非没有根据。有时山坡太陡，以至于我无法踩动踏板，保持自行车前行。所以我只能下车，把自行车推上山，露西则在一旁慢慢地跟着走。

　　这一天，骑着骑着，一群孩子开始追赶我们。很高兴能休息一下，我停下等他们赶上来。他们想抚摸安稳坐在拖车中的露西，但每次靠近自行车时，他们都会害怕得向后退。在土耳其，有时人们会告诉孩子，如果他们很顽皮，就会有一只大恶狗来咬他们，这是世代相传的"安全故事"，有助于防止儿童靠近疯狗。结果，孩子们长大后都怕狗，这些恐惧常常持续到他们成年。

我耐心地告诉他们我有多爱露西，以及如何温柔地抚摸她。在反复尝试模仿我把手放在露西身上而又不退缩后，最大的一个孩子终于摸到了露西的头顶。当他的弟弟看到哥哥脸上笑开花时，他也试探着将手放到了露西的背上。最小的一个孩子也试图模仿他的哥哥们，但由于太害怕了，他还是不敢摸她。

我向梅尔辛进发，骑了一整天。希望这是一个安静的海滨小镇，我可以骑自行车穿越，并在另一边扎营。但是，在天黑之前驶入这座城市时，很明显我的判断失误了。梅尔辛的人口总数不到100万，却是一座茂密的水泥丛林，我意识到自己将不能在天黑前离开这座城市。降雨预报使我"坐在长椅上过夜"的计划受到了阻碍。我快速地在线搜索，但是找不到一家可以带狗的酒店。不知道该怎么办，无奈我们只好前往海滩。

通常，除非在乡村或非常僻静的地方，否则我会避免在沙滩上露营，但是今晚我没有更好的选择。我来到海滩上的一家咖啡馆，与员工们交流了我的处境，试图评估一下在附近扎营的危险度。有人告诉我，有几个渔民会整晚站在岸边钓鱼，我会没事的，所以我在他们允许的情况下将帐篷搭在他们咖啡馆的前面。

夜幕降临时，来了一个库尔德人。他热烈地欢迎了我们，为了让我们感到高兴，对露西和我嘘寒问暖。我猜想，他一定是咖啡馆的老板。他坚持要我在咖啡馆的花园里重新搭帐篷，以确保安全。当他在附近睡下时，我意识到我的新朋友不是老板。相反，他和我一样，在那儿睡觉是因为他无处过夜。

第二天，我早早醒来，看着太阳升起，露西在我脚下的沙滩上玩耍。在出发之前，我写了一封感谢信，留给了我的库尔德朋友。那个好男人因为无家可归而睡在咖啡馆的硬地板上，这让我很难过。离开后，有一段时间我还挺挂念他的。

为了增强体力，我将这一天指定为"巧克力日"。快速停车后，我的车把袋里装满了巧克力。"巧克力日"需要高水平的自行车处理技巧，尤其是当巧克力单独包装时。梅尔辛的早间交通烟雾弥漫，我含着满嘴的巧克力，快乐地骑行。

为了午休，我在足球场旁的一个小草丛中支起了毯子。一群穿着足球服的男孩在球场上踢球。他们发现了我，然后好奇地走了过来。

我真的很想睡觉，但还是坐起来将手伸进车把袋，把剩下的所有的巧克力分给了他们。他们想要巧克力，但看见露西后就不敢靠近了。我放下巧克力，开始抚摸露西，揉搓着她的耳朵，微笑着，告诉她我有多爱她。然后，我再次捡起巧克力，伸出手。男孩们犹豫着走过来，我给每人分了一块巧克力。他们很高兴。

最大的男孩伸出手去摸了摸露西。我鼓励地向他点了点头，他先是试探性地然后轻柔地拍了拍她。与前一天的偶遇一样，其他男孩看着大男孩抚摸露西，急切地也想跟着学。露西对此欣然接受。孩子和露西之间的这些即兴时刻令我感到鼓舞，希望这次相遇可以改变他们对狗的观念。

我注意到有几个学龄前孩子站在我们附近，显然对这只据说可能会吞噬他们的怪物感到不确定。每次我抚摸露西时，他们都会大笑起来，好像他们不敢相信自己的亲眼所见一样。一寸一寸地靠近，他们最终站在露西的面前。他们也想抚摸她，就像大孩子们一样。

正当其中一个孩子伸出手去抚摸露西的头时，我听到了凄厉的的尖叫声。我抬头一看，一个女人跑得飞快，穿过田野，脸上露出害怕的表情。

她将男孩拉走了，然后返回来"拯救"其他的孩子。所有的孩子都惊恐地哭了起来。我深深地叹了口气，孩子们与狗的积极体验到此结束了。

收拾好行装，把露西放在她的拖车里，我骑车去了阿达纳。正要到达工业区时，我通过了右手边的一个警察检查站。

警察挥手让我停下来。糟糕，我还是没有护照。他问我来自哪里，在做什么。我解释完，他让我进去了。我很担心，以为他要查看我的护照，结果，他给了我一杯茶，然后说要和我合影。后来，我又继续赶路。

一位阿达纳大学的讲师已安排好在城市和我见一面。扎卡里亚是一位自行车骑行发烧友，一直在线关注着我的旅行。几天前他给我发了电子邮件，邀请我给他英语学习班的学生做一个讲座。他说，他喜欢向学生展示不同的生活方式，并认为我将成为他课程里一个鼓舞人心的案例。因为他也很喜欢狗。

他和学生们在当地一家公园与我碰面，然后带我去附近的餐馆就餐。学生们渴望练习英语，这也让我放下了手中的字谜游戏。

之后，我被带到学生宿舍。露西被留在了阳台，我知道这已经很难得了。另外，我感谢他们的盛情款待。但是到上床睡觉的时候，当我把睡袋拿到阳台上和露西一起睡时，学生们都吓坏了。

当晚我躺在那儿的时候，我想着自己有多幸福，多想让露西陪我久一点。但是，我知道那样是多么自私。露西有机会拥有一个真正的家庭，那是我没有、也无法给予她的东西。于是，我把自己自私的想法排除到脑外，并幻想着露西未来将度过的所有美好时光。伊丽莎白和她的家人将带给露西"永远的幸福",这是我无法给予的。

第二天早上,学生们给我送来了新衣服,并给我编了一条法国辫。这是我很长时间以来第一次感受到美。我们上课时,路过的学生盯着露西,有些困惑,也有些震惊地看到狗居然在校园里溜达。

我在课堂上讲关于骑自行车环游世界,土耳其的流浪狗以及狗作为英国家庭的一分子。学生们爱上了露西,对她充满了爱意。

我们在大学里待了两天,而在最后一天结束之前,扎卡里亚向露西授予了阿达纳大学文凭,因为她是班上的"好狗"。在一个狗经常被当作祸害的国家,对我来说,这是充满希望的良好信号。我为露西感到骄傲。她感动了许多人,并且这样做很可能改善沿途其他流浪狗的生存环境。

当我们离开阿达纳时,我们离哈塔伊还有124英里。在我们和终点之间还有几座山,但不知何故,我感觉我们似乎差不多到那里了。

我们穿越了一个又一个的村庄,时而爬坡,时而下坡,一英里又一英里地前进着。在一个小村庄里,露西要进行每天几次的锻炼了,于是她在我旁边走来走去。天气很热,而且坡很陡，我会停下来休息一会儿。一位身穿厚羊毛冬装的老妇人站在附近，她开始向露西扔石头。我很震惊，对她说："不要！"她塞了一块石头给我，并做出扔露西的动作。她脸上挂着微笑。我丢下石头，但她又扔了一块。这个女人以为她在帮助我。我感到愤怒和悲伤，迅速骑车离开了。紧张的露西一路小跑跟在我身旁。

途中，我遭遇了最糟糕的逆风。尽管我在竭尽全力地骑自行车，但没有任何进展。那天傍晚，另一座山出现时，我受够了，穿过马路，驶入山脚下的加油站，要求扎营。至于那座山，可以等到明天再爬。

我好饿，点了菜，好心的经理把菜送到了我的帐篷里。我试着给露西吃一些东西，但她只是闻了一下。我越来越担心她的健康。有人一次又一次地告诉我，她的症状是由于散弹枪的子弹冷却造成的，但这里的温度很高，她仍然没有食欲。我感觉不太好，决定一到哈塔伊就带她去看兽医。

第二天，我骑车爬了一座山，又一座山，再又一座山。几乎整个上午我的屁股都没挨过车座。但是后来，道路变得平坦起来，城镇也变得越来越大。

我进入了哈塔伊省。

第十八章

历经艰辛,我们走了700英里才抵达这里。我花了点时间以哈塔伊迎宾标语为背景进行了标准自拍。我感到欣喜若狂,值得庆祝。但那种感觉并没有持续多久,因为很快我就看到了战争的早期迹象。

我知道附近有战争,但骑自行车经过叙利亚难民营,我还是感到惊讶。那情景和在电视上看到的不一样。后来,我发现,这些难民营早已人满为患,难民们正在建立自己的营地。农民允许他们在自己的土地上居留,但需要以劳动作为交换。

难民们有帐篷，但没有自来水和厕所等设施。

一群孩子跑过营地一路追着我，我停了下来，好让他们赶上我。他们的小脸沾满了泥土，衣衫褴褛，有些人还赤着脚。我哽咽着打招呼，看到孩子们这么脏，我感到很震惊。我从未见过如此令人难受的情景。这是孩子们第一次完全忽略了露西。相反，他们排成一排，伸出双手，对着我微笑。这让我很伤心。我身上没有钱，甚至连一点零钱都没有。我将脚踩在踏板上，骑着自行车离开，孩子们还伸着双手在后面追着我。我决定在我经过的下一家取款银行停下并取钱。我再也不想那样难受了。

我在这里野营不安全，今晚打算住进一家旅馆。搜索一番之后，我终于在网上找到了一家可以接受狗的旅馆。按照谷歌地图，我开始骑自行车前往哈塔伊市中心。道路上到处坑坑洼洼。随着环境变得越来越糟，我也逐渐变得警惕起来。

我沿着被戏称为"叛军"的奥龙特斯河骑行，因为与该地区的其他河流不同，它从黎巴嫩由南向北流，经过叙利亚，到达土耳其的地中海。这条河让我想起了我自己，我也总是朝着与其他人相反的方向前进。

我最终到达了一个肮脏荒凉的社区酒店。如果不是露西看着我的自行车，我是不会把装备留在外面独自进入酒店的。我走进去，一股潮湿发霉的气味扑面而来。工作人员很不情愿地同意露西进屋，然后我们才办理了登记手续。他们把我带到了一个房间，里面脏得让我感觉皮肤很痒。我肯定会与臭虫同床了。尽管如此，也比晚上在城市里露天过夜强。

当我下楼去取回自行车，带回露西的时候，一位经理走近我说，不允许我把露西带进酒店，因为别的客人会投诉。我几乎被这个荒谬的说法气晕了，也就是说，住在酒店里的客人如果因呼吸而得病也会投诉露西。事实上，露西很安静，也不闹。我试图和经理争辩，但他却充耳不闻，并强烈要求我离开。

于是，大晚上我又回到了街上，在距离叙利亚边境20英里的一个小镇，那里我一个人都不认识。有人曾经告诉我，你越往南或向东走，人们就越讨厌和恐惧狗。现在，我就在人们可以到达的土耳其的最南边。当我骑着自行车和露西在街上行走时，连成年男子也会因为害怕露西而闪到一边。

如果我今晚能找到住处，那么明天我们就可以离开哈塔伊（尽管我们已经骑了700英里才到达这里）。当我没有选择的余地时，脸书，曾一次次地帮助过我，也许它可以再次帮助我。于是，我发布了一条帖子：

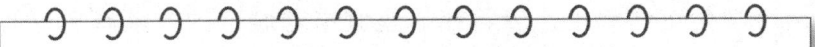

2015年3月7日，星期六

我遇到了一个麻烦，想要联系在哈塔伊的任何人。

酒店不接受露西和我一起入住。有没有人住在哈塔伊或者可联系的人，可否今晚提供一个花园或者阳台给我们过夜。

我们明天要离开这个城市。骑行了700英里才到达这里，有点失望。

我一直向前走，看到了一座天主教教堂。我上过天主教学校，旅行时一直认为教堂是旅行时安全保护的灯塔。我带着自行车和露西走进院子，院子四周是供来此并留下来做礼拜的人住的房间。我问："有人吗？"这时，一个男人出现了，说有空房间，但不允许狗留下。我解释了露西的故事，但他并不在意，回到办公室，关上了门，把我留在黑暗的院子里。

我感到很孤单，不知道下一步要怎么走。我从未想过，在我自行车环球旅行的最低潮，竟然是坐在一个天主教教堂的院子里。这座城市距离叙利亚战区仅数英里。本身就爱哭的我又哭了起来。

然而，脸书再一次救了我。人们分享了我的帖子，似乎有两个学生正在路上。我将在这座城市老城区的一家酒吧与他们碰面。

露西和我重新回到了哈塔伊的夜间街道。我们进入了老城区,在迷宫般蜿蜒狭窄的街道上徘徊。经过丝织店和集市,我们终于找到了那个酒吧。

学生们正在找我,他们介绍说是伊莱夫和培拉特。两人的英语都很好。培拉特说露西和我可以和他待在一起。他说,他的公寓有个阳台可以给露西,但绝对不能让人知道大楼里有条狗。

我们把自行车留在了酒吧,第二天我再来取,然后步行去搭公共汽车。司机摇了摇头说"狗不行"。我们恳求他带上露西,但他还是拒绝了我们。前往大学校园的那辆小巴士上满是学生,伊莱夫踏上小巴,用土耳其语跟学生们解释,他们都同意露西乘坐。最终,司机也同意露西可以坐在公共汽车的后备箱中。小巴上的人纷纷鼓掌欢呼。

我抱起露西,将它放进后备箱,然后自己也跳了进去。这让司机感到震惊。我绝对不能让露西独自待在后备箱里。

我们到达了哈塔伊大学,走在微笑的学生中间,沿着路边一家接一家的咖啡馆和酒吧行走,那里是学生们的生活中心。

我们到达了培拉特的公寓,当他说他改变主意并且露西不需要在阳台上过夜时，我感到非常高兴。我睡在沙发上，抱着露西，心中充满了感激之情。新闻中的世界是如此糟糕，甚至在我旅行时，我也经历了人间最糟糕的事情，但不可否认，故事还有另一面，那是充满善良的一面。

领事馆的一条短信将我唤醒。有人告诉他们，我在脸书上发了一个帖子，说当地一家旅馆将露西和我拒之门外后，他们便开始寻找我，以确保我们在哈塔伊得到适当的照顾，并邀请露西和我到他们那里去。我高兴地接受了，但只住了一晚，因为培拉特问我第二天早上是否愿意回去参加他的考古课，而他们正在讨论英国的一个古老遗址。

在露西和我离开培拉特的公寓之前，我为露西准备了一份速食早餐，但她没碰。我发短信告诉塞利姆，我非常担心露西，而且她的胃口还是不好，消瘦了不少。

我们走到公交车站，学生们再次抗议并改变了公交车司机对露西的拒绝，然后再一次在学生们的欢呼声中，露西和我一起挤进了后备箱里。关于某个奇特女孩和她的狗的消息由此传开了。

我们从咖啡厅取回了自行车，然后我和露西骑自行车去了领事的家。

我在门口按了铃，但是当这对夫妇出现时，他们看上去很困惑。我在想自己是不是走错了。突然，我看到他们恍然大悟的表情。他们笑着告诉我，他们以为露西是个女孩，而不是一条狗。幸运的是，他们热情地欢迎了我们俩。

我们一起享用了午餐，然后将露西留在安全的高墙院子里。我们驱车上山，俯瞰哈塔伊省和叙利亚，并眺望大海。我们在山顶咖啡馆停了下来，他们指着哈塔伊的几个地区给我介绍情况。他们说我可以自由前往想去的地方，但是哈塔伊的某些地区很危险，对于那些地区，如果我想要去的话，他们可以护送我过去。

他们邀请我留宿，我感到非常荣幸，便欣然同意了。到了上床睡觉的时候，我开始把垫子拿到外面。他们问我在做什么，我告诉他们，尽管院子里很安全，但我还是不愿意将露西独自留在外面。我说，我只是不想让她感到害怕。他们对此表示理解，并坚持让我们俩都睡到屋里。我知道他们是为了使我们感到舒适而违背了自己的信仰，我向他们保证，我们俩在外面绝对没问题。但是他们一直坚持，我俩便高兴地回屋睡觉了。

那天晚上，塞利姆回短信建议我去找兽医，买蠕虫药，并对她的消化系统进行检查。主人告诉我最近的兽医在15英里外。第二天早上，当我应邀回到大学时，我决定下课后骑自行车带露西去看兽医。

第二天早上，我向主人说了声再见，便骑自行车带着露西回到哈塔伊大学。当我去上考古课时，露西待在培拉特的公寓里。该课程的重点是巨石阵。我很高兴自己能加入，因为我从未真正造访过那些史前纪念碑。

之后，我带着露西走到大街上。我将露西放在外面，进了一家面包店吃了点东西。当我吃完午餐回到自行车边上时，看到一个女孩跪在露西旁边，抚摸着她，轻声说话。我惊呆了，要知道人抚摸狗在这里是很不寻常的事。

我向她问了好。她自我介绍说她是哈塔伊大学三年级兽医系的学生。我解释说我很担心，因为露西没有进食，而我正要去15英里外最近的兽医那里。她笑了，让我带着露西跟她走。

原来，培拉特的公寓就在大学兽医系的正对面。那个女孩带露西和我走过安检处进入主楼。她在走路时向过往的学生讲了我们的故事。等到达系主任办公室时，我们被好奇的观众包围着。

首席兽医师彻底检查了露西，得出结论说她的肚子有细菌，这使她食欲下降，并给她开了药。除此之外，他向我保证露西很健康。我如释重负，我现在放心了，因为这是另一位兽医，一位大学的首席兽医师告诉我露西很健康。

学生们带我去了医药室拿药，并提出每天会帮助露西注射抗生素。真的非常感谢！我接受了这个提议。看来我们要待在哈塔伊一段时间了。值得庆幸的是，培拉特让我们住在他的住所，直到露西身体变好为止。

我和伊丽莎白通了消息，我们商量好一旦露西的治疗结束，我和她将乘公共汽车回到卡利斯，差不多那个时间她就要飞往英国了。

我们在一起的时间越来越短。我在哈塔伊也借机休整了一下。那里的生活节奏慢，我无处可去，只能待在原地，感觉很好。在公寓对面是一块大草地，每天我都会坐在椅子上看书，而露西则在阳光下放松。药物似乎会让她感到疲倦，而且我也没有像以前一样带她走很长的路。

相反，我们每天都会短途步行到附近的网吧，我在那里写博客，露西则在外面的阳光下睡觉。咖啡馆里有落地玻璃窗，所以我总能看到她，而且我看到她触动了几个学生的心。他们每天都会来看她，抚摸她。商店的工作人员也都知道她。

我会每天花几个小时来熟悉该地区的文化。我可以像学生那样在哈塔伊周边旅行，花费很少。我没有学生证，但是所有的公交车司机都知道我是那个带着狗坐汽车后备箱乘车的女孩。有一天，我坐在一个茶园里，阅读英文版的《古兰经》，喝着苹果香蕉茶,地中海的色彩被抽烟学生们的几股烟给打乱了。他们吸的是水烟筒,这是一种具有500年历史的传统吸烟工具。哈塔伊迷人又平和,我爱上了这里。

第十九章

哈塔伊战争的影响是显而易见的,该地区的官方难民营已经人满为患好几个月了。越过边境的难民不得不在街上睡觉或建立自己的营地,非常绝望。

但是在大学里,生活还算是正常的。抗生素注射结束后,大学方面告诉我露西很健康,于是我回去了,我觉得她的症状还是来自散弹枪子弹。

在我离开之前,难民营的孩子们为我唱了一首歌,我努力忍住没有让泪珠滚落脸颊。当这些苦苦挣扎的孩子将头向着天空高高昂起，大声唱出他们的欢乐时，我不能站在这里哭。

我开始使用谷歌搜索以获取有关自己身处何处的更多信息，而我在网上读到的内容与眼前所见差异悬殊，现实要糟得多。叙利亚边境沿线的所有机构都在向西方世界大声疾呼，要求他们提供更多的资金和更多的资源，但大多被忽略了。我决定做一件我能做的事：讲述他们的故事。即使是对自己的追随者，因为我知道他们会为这里的人们捐赠并送去毯子和衣物。我决定去走访一个难民营，以便他们能看到真实的情况。

难民营在雷伊汉勒。有人警告我不要进入这个地区，因为很危险，而且要到达雷伊汉勒，我必须沿着叙利亚边境骑行。我决定骑自行车前往营地，但如果感觉有危险了，则立即回头。

我托付学生朋友按时到公寓里去喂露西。晴朗的一天，我头顶蓝天出发了，骑车北上前往叙利亚边境。卡车频繁经过，到处都是士兵和枪，我吓呆了。

随着里程的增加，我在想自己会不会被枪杀，恐惧陡增，于是我改变了主意，不想骑自行车去难民营了。正当我打算转身返回到哈塔伊时，发现为时已晚，我已经到达了雷伊汉勒。

进入镇中心，我庆幸自己没死。我沿着主街道骑行，停在一家橱窗里有一个英文字的商店，希望能问到去难民营的路。

我把自行车抬上楼梯，并尝试着敲门，但门被锁住了。

一个男人从隔壁的理发店里出来，他示意商店关门了，并向我招手，邀请我过去喝茶。我用谷歌翻译告诉他我正在寻找难民营。他告诉我，他本人就是叙利亚难民，我们继续用谷歌磕磕巴巴地聊天。最后，他叫来了一些会英语的朋友来做翻译。

我整个下午都待在理发店里听难民和援助人员的故事。快到晚上了，我甚至连营地都没有去过，在天还亮的时候，我不得不骑车返回。

离开雷伊汉勒，我遇到一个年轻的牧民拿着一支大枪，在放羊。在他旁边是一只大的袋鼠狗，它戴着一个金属项圈，上面满是尖刺，深入皮肉。

我继续骑行，心生悲伤。今天的所见所闻是毁灭性的，我正在努力消化所有的这一切。我拼命地往前骑，一方面是与落日比赛，另一方面也是为了释放自己的情绪。

一辆旧的棕色轿车在前面停了下来，司机走了出来，对我喊，"玩玩……玩玩……玩玩"，并指指他的车。我气爆了，尖叫着说他是个多么肮脏、可怕的男人。他震惊了，迅速返回车边。我仍旧对着他的背影尖叫道："我看不起你！"

他跳上车，逃跑了。我继续骑着自行车，对他、对战争、对整个世界都充满了愤怒，这可能是我在夜幕降临之前回到哈塔伊的唯一原因。那天晚上晚些时候，我得知一枚导弹从叙利亚"意外地"落到了雷伊汉勒。土耳其发射了几枚导弹作为警告性回应，紧张的局势正在升级。

我回来时露西在公寓里，我不能让她感觉到我不高兴，我对她充满了爱意。然后我去洗澡，在浴室待了很长时间，那天我听到的所有有关人类的苦难故事一直影响着我的心情。

几天后，我接到理发师打来的电话，他要我见见他的妻儿。他说，他们将尝试乘坐另一艘船去欧洲。他问如果他们死了，我是否可以写博客介绍他们作为难民的经历，并向人们讲述他们的故事。

于是，我回到雷伊汉勒，回到了理发店，以为我会在那儿听到更多的故事。相反，理发师问我是否要离开商店并采访其他人。我以为他指的一定是难民，所以我点了点头。于是，他带着我穿过雷伊汉勒的大街到了另一家理发店。

他对商店里的那个人说了些什么，然后我们所有人都上楼了。穿过公寓楼，那个人敲了另一扇门，门开了，我立马明白我不是在采访难民，应当是一个组织。站在门口的那个人穿着黑色西装和衬衫，在他后面，我看到其他穿着西装的男人站在桌子周围。衣服、桌子和椅子看起来很昂贵。显然，这个地方比我在土耳其看到的其他任何地方都有钱得多。

我深吸了一口气，跟着他们走进了公寓。他们带领我沿着白墙走廊进入一个大房间，房间里有一张巨大的木桌子和几把沙发椅。坐在桌子后面的那个人站起来和我们打招呼，另一个穿西装的人介绍说自己是翻译。他们叫我坐下，我照做了。

他们反复地询问我在为谁工作。每当他们这么问时，我都会着重说：“我骑车环游世界，我是世界自行车女孩，我不为任何人工作。”

他们问我在雷伊汉勒做什么，我解释说我在这里骑车是为了向我的社交媒体关注者展示这里的情况有多糟，以便他们可以送毯子、玩具和资金。然后，那个人说：“我们知道你的狗，露西。”我惊呆了，什么鬼？

"你能告诉我们露西的故事吗？"

"什么？"

"我们希望你向我们介绍一下露西。"

"你什么意思？你想知道什么？"

"一切。你是怎么认识她的，发生了什么？"

这太荒谬了。为什么这些人就想知道一只狗的事？因为我无法理解对话中的这一转折，所以那天我第一次感到有点不安。

我开始谈论露西。当我结束时，每个人似乎都惊讶不已。他们说："我们有成千上万的男女老少正在受苦，没有人在乎。但是你却设法让一个讨厌狗的国度去关心一条狗，一条流浪狗。我们想知道你是如何做到的。"

我们叙利亚的苦难人民也需要同情。

我告诉他们，在叙利亚发生的一切，让我们无法理解，我们也不会尝试去理解。我说，只有当你以一种人们能感知的方式，向人们讲述这个故事时，才能让世界人民去关注，才能让世界去针对他们的政府，寻求帮助就指日可待了。我说："我们已经不敏感了。""你需要突破这一点。"他们问我该怎么做。

我说如果我是他们，我会讲关于一个孩子的故事。

他们问我是否会帮助他们。

我想到了接下来的工作。露西即将结束检疫，并将去英国与她的家人同住。我会回到孤单一人的状态。骑自行车穿越土耳其时所经历的人类和动物的痛苦，对我影响至深，而且我想，哪怕只有一线机会，我可以帮助人们摆脱在那些照片中看到的可怕死亡，那么，是的，我当然会帮忙。

他们让我写一些关于沟通全球人类心灵的故事。该计划首先是让护送人员将我带到土耳其一侧的难民营附近，在那里我可以采访难民。此后，如果我认为有必要，我们可以进入叙利亚。

会议结束了，我被带去见了他们的领导人。我们在他的办公室围坐一圈。他希望我能尽力帮他们做点什么事情。我没法回答他，我只是在骑自行车环游世界。但是有件事我知道，一旦露西和她的新家庭在一起后，我必须再次返回叙利亚。

第二十章

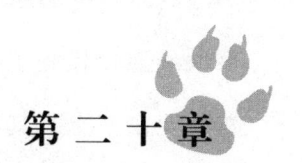

第二天是露西隔离的最后一天,我终于可以填申请让她进入英国了。收养她的家庭非常激动。我甚至发短信告诉了塞利姆这个好消息。

我走出网吧,走回了公寓。但我一回去,立刻就知道出事了,因为露西没有跳到我身边,她留在了原地。

我走过去,抚摸着她,鼓励她过来,但她没有起来。我再次走开,呼喊她,跪着向她拍巴掌。她勉强站起来,向我走了几步,显然有点不对劲。

我和她一起慢慢走着，沿着大街走过大学的大拱门，保安人员向我们挥手微笑着。我敲开了兽医系办公室的门。助手很高兴再次见到我们。我解释了露西的事，他要我把她带进来。

她仍然不愿意主动走进来，所以我抱起她并将她放在金属手术台上。我等了一段时间，系主任和首席兽医师终于到了。露西现在在土耳其已经是非常有名的狗了，因此得到了贵宾般的待遇。我非常感激。

他们检查了露西，问我怎么了。我解释说，她没有走到我身边，而且她走得很慢，呼吸也不好。当兽医触摸露西的肚子时，她发出一声嘶哑的叫声，吓得我的脸都扭曲了。他们完成了检查，并告诉我一切都还好。

"但是她病了。"我说。

"不，不，这只是感冒，可能是因为天气的变化，因为这里太热了，而你们来的地方很冷。"

"但是当您给她检查时，她叫了。"我坚持道。

"不，请相信我们。我们已经给她做了彻底的检查。她很好。"

系主任直接对我说："别担心，伊什贝尔，她很好，只是感冒了。"

他们似乎很确定，因为他们是这个国家的顶级兽医。

我和露西一起离开，但我仍然很担心。我把她带回家，做了她爱吃的鸡肉，但她没吃。我告诉塞利姆，我今天又把露西带到兽医系去了。我列出了她的问题：她没有发烧，但呼吸有问题，流鼻水，腹部似乎有些肿胀，不想走路。

我给塞利姆发消息的时候抬头看了看，露西正站在门内。突然，她吐了，是黄色的呕吐物。我安抚了她，并将她的呕吐物清理干净，然后再次发消息给塞利姆，告诉他发生的事情。

他建议我在第二天晚上之前不要喂她，这两天只喂她吃点鸡肉和米饭。

夜越深，露西的病情越严重。我把她抱到阳台上去呼吸一些新鲜空气，但是她的呼吸并没有改善。于是，我把她抱下楼梯，走出公寓，进入黑暗中。我带她穿过小路，进入我们玩过的田野，然后放下她。我跑回楼上，拿了一把椅子、毛衣、帽子和一本书，然后跑回去。我放下椅子，露西躺在我旁边。我带一本书是因为人们等待时就是这样做的。但是我在黑暗中，没有手电筒。所以我就坐着，等着。我一直轻轻地抚摸着露西，告诉她，她是一条好狗。

天亮了，她几乎已经无法呼吸了，她的屁股有些黑色的黏液。我不知道该怎么办。镇上没有急诊兽医，也没有兽医医院，只有一所大学，但要到早上八点才开门。

露西的肚子肿得更厉害了。塞利姆发短信要我带她去大学的兽医系，并要求做一个钡餐X光检查，因为她可能患有腹肠扭塞。

我注意到她的嘴里冒出了黑色液体。我抱起她，开始在街上走。我感觉她的身子很沉，而从她嘴巴和屁股里冒出来的黑色液体流了我一身。

噢，天哪，她太沉了，都快掉下来了。我昂起头，脸痛苦地扭曲着，我祈求上天能赐我力量可以一直抱着她，眼泪不自觉地从我的脸上滚落。我的漂亮宝贝。

我不得不把她放下来一会儿，否则她就会掉下来。我看到附近有两个小男孩带着一辆拖车，在一个大垃圾桶里翻找着什么。我踉跄着走过去，把露西放下。这些男孩脏兮兮、黑黢黢的，衣服很脏，到处都是洞，他们看上去很害怕。我求他们把拖车借给我用一下，我好带我的狗去看兽医。我保证会还给他们，但是他们听不懂。

一个年轻人从他的房子里出来，看见我站着流浪的孩子们面前哭泣，他走了过来。他会说一点英语，我向他解释缘由。他明白了，并向土耳其男孩借他们的拖车。他们看着露西摇头拒绝了。

这个陌生的年轻人拿出他的钱包，给了他们一些钱，他们仍旧不同意。

露西还躺在水泥地上。另一名男子从公寓大楼里出来，说要开车送我们过去。我抱起露西，然后把她放到后座上，但他拦住了我，打开后备箱，示意我把她放在那里。我的心一沉，我不想让露西独自坐在汽车后备箱里，但是我知道我们别无选择。

开车到大学，可能只需要几分钟的时间，但对我来说，却仿佛经历了有史以来最难熬的路程。他在兽医系外面停了下来，我把露西从后备箱里抱了出来，直奔走廊。

接待员从他的办公室出来。我告诉他露西生病了，需要看兽医。他把我带到手术室，要我把露西放到钢制手推车上。几个学生也进来了，露西在大学里有很多朋友。

她的状况变得越来越糟糕。我一直抚摸着她，不停地告诉她，她是一个好女孩。但是她的眼睛已经渐渐变得无神了。我告诉她，她是上天给我的恩赐，我告诉她我有多么爱她。

两名学生兽医进来了，我求他们看一下露西。他们说，没有老师，他们是不允许这样做的。他们开始闲聊，但我不想闲聊，我只想请一位兽医看看露西。他们说，听说我一直北上去雷伊汉勒，嘱咐我要小心一点。他们说叙利亚太危险了，我可能随时会有生命危险。我说，我是经过了漫长而艰难的抉择，哪怕是有一点机会，我都会用自己的生命来抓住。

突然，露西吸了一口气，然后很奇怪地呼气，就像所有的呼吸都离开了她一样。我跑到她的面前，呼喊着找兽医。房间变得拥挤，学生们都在围观。

"有人能帮助露西吗？请帮帮露西。"我停止呐喊，小声说她是一个好女孩。我听到自己问自己，"她为什么这样看着我？她怎么了？"

没有人回答。没有老师在场，任何人都不能诊断。最终，一个学生举起了手，用两个手指做了一个X的手势。

那是什么意思？在内心深处我好像知道它的意思，但是那不可能。

"X是什么意思？"我大喊。另一个学生在他的喉咙上做了一个划过的小动作。

她死了？露西死了。有人点了点头。我的脑海里不停地重复着这些话。露西死了。

我把她抱住，双腿弯曲，恸哭了起来。学生们离开了房间。接待员进来道歉，我们仍在等待兽医的到来。

我不想让露西躺在冰冷的钢桌子上，作为我们的最后时光。我抱起她，接待员问我在做什么。我要出去，我说。他告诉我不，不可以。我不管，我要把露西带到了阳光下，穿过马路，坐在一棵大树下的草地上。我把脸埋在她的皮毛里，深吸了几口气，试图挡住我的眼泪。我告诉她，她是一个好女孩，我爱她，也感谢她。然后我向她保证，我将帮助土耳其的所有其他露西们。

验尸官走到我们面前，说他们可以帮我给狗验尸。但是我表示我还需要一点时间。我不想从草地上站起来。如果我这样做，我就再也不能拥抱露西了。

我如此爱她，但是我又不得不站起来，结束我们最后在一起的时光，因为兽医正在等我们。

当我最终站起来怀抱露西的时候，一个想法悄然浮现在我的脑海里：我值得她无条件的爱。

我不知道这个想法来自何方，我以前从未想过。但它不仅仅是一个思绪，而是来自我内心深处的一个信念，如此强烈，就像它在我内心深处早已存在的那样。

尸检期间，学生们带我去了一家咖啡馆等待。兽医回来了，给我看了尸检的照片，她说她想做一个毒理学测试。他们想将露西的器官送往安卡拉做测试，乘车要11个小时才能到达安卡拉。我同意了，但是我说不能让她独自去，我也要陪同。他们问我该如何处理她的尸体，于是我捐赠了她的尸体用于研究。

我走出大学，身上染有露西的血却没有了露西。我回到公寓，看到地板上的黑血块，于是我去厨房拿了一块布将它清理干净。然后，我站在浴室里一直哭，一直哭。

之后，我把所有的东西都收拾好。我取回了自行车并寄存好装备，预订了前往安卡拉的车票，然后去了大学。

他们将露西的器官包装在一个装有冰袋的白色聚苯乙烯盒子中。我将有足够的时间将它送到安卡拉的冷冻室。一位与露西最亲密的学生兽医陪伴着我，我带着箱子走出大学，沿着露西和我每天都会经过的商店门口。

店主和咖啡馆老板走了出来，看上去很困惑，问我露西呢。我低头看着盒子，强忍着不哭。我指着盒子说，她死了。我在他们的脸上看到了怀疑、悲伤和同情。

在露西和我曾经常去的那家咖啡馆里，我坐了下来，等着上车。到了晚上八点，我的兽医朋友向司机解释了那个盒子。司机让我们把盒子放在公共汽车的下面，那儿会凉一些。

我上了公共汽车坐下。在黑暗中，我哭了又哭。就像我曾经在寄养家庭的床上那样，无声地痛哭着。

在安卡拉，我按照提示去了实验室。当我到达该实验室时，它已经关闭了。保安让我等开放时间再来。我抱着露西的盒子，麻木地站在雨中。保安也许是可怜我，把我带进了屋子，打开了一扇门，这样我就能把露西的器官放进冰箱里。然后，他带我上楼去他的部门坐了一个小时，然后工作人员才到达。他的善意，使我想起了土耳其人民向露西展示的所有美好时光。

我坐在等候区，有时抽泣，有时发呆。

当工作人员到达时，他们招呼我过去，我看着他们从盒子里取出露西的各个身体部位并将其记录在清单上，然后我在上面签了字。

这位会说英语的经理说，他已经从尸体解剖照片中知道露西并非死于中毒，但他解释说，他们将根据哈塔伊大学的要求对150多种毒素进行了检测。他们将检查所有内容，并撰写一份完整的报告。

我感谢了所有人，然后去了汽车站，不知道自己下一步该做什么。我不想回哈塔伊拿回我的自行车和拖车，于是我乘公共汽车去了最后一个令我和露西感到自在的地方。我给那里的朋友布莱恩发了一条消息，说我第二天一早到达，并要了一瓶红酒。我是在早上7:30到达的，打开酒瓶盖，一饮而尽，然后上床，哭着入睡。

第二十一章

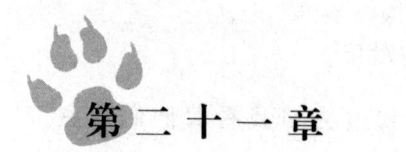

露西走了，我悲痛欲绝。当我试图理解"露西死了"这句话的含义的时候，它在我脑海中盘旋。"请回来，露西。不要离开我。"但是，我那美丽的"女孩"再也不会回来了。我重复了几个月的话"你是个好女孩，露西"一直萦绕在我的脑海，我的心很痛，很痛。

我在脸书上写了一篇关于她去世的帖子：

> 露西死了。她在为期三个月的隔离期的最后一天死了。明天,她将自由前往英国。

露西粉丝发来的伤心欲绝的消息蜂拥而至。他们一路跟随着我们的旅程,悲喜与共。许多人以纪念露西的名义,向当地庇护所捐款。也有很多人向我发送了温柔的话语,充满了爱与同情,帮助我摆脱悲伤。因为思念她,我悲痛至极。我悲痛至极,是因为我有负于她,没有给她我承诺的永久幸福。我悲痛至极,因为也许我本来可以做更多的事情。悲伤使我虚弱。如果像我过去那样用超脱、自责和封闭的老办法来处理遭受到的创伤,我本可以非常容易地恢复,但是与世界各地的人们分享露西的事情使这变得更加艰难。相反,我公开哀悼、哭泣、哭泣、哭泣……

露西砸碎了我心中的那堵墙,现在,我摆脱了它,我再也不想建造那堵墙了,因为它属于有露西之前的生活。像露西一样,我会依赖爱,而不是恐惧生活下去。

尸检表明露西患有晚期心丝虫,这本身就是致命的,但实际上杀死她的是一种慢性胃肠道疾病引起的胃穿孔。毫无疑问,她一直很痛苦,这使我再次陷入悲痛之中。

几个月后，当我终于摆脱了悲伤和内疚时，我才意识到自己一直是露西的幸福。顿悟给我带来了极大的放松和喜悦。我回想起我们共享的所有美好时光，以及露西多么的幸福。当我们第一次相遇，她生活在恐惧中，惶恐受到人类的伤害，但是当她离世时，这种恐惧已经演变成了爱，并期望人们会去爱她，而不是伤害她。她回报了我们所有的爱。

在露西死后的几周时间里，我经常造访狗狗庇护所，了解更多有关流浪动物的信息。我对露西同时也是对我自己的承诺，我将帮助土耳其的其他露西们，而且我知道改变观念对此至关重要。我还在伊斯坦布尔会见了动物权利慈善基金会的主席。我们讨论了关于绝育作为一种人道控制种群数量的方法，我们一致认同教育对于改变人们对狗的态度、减轻人类对狗的伤害至关重要。

我的土耳其签证即将到期。我乘坐了16个小时的公共汽车去了哈塔伊，沿着露西和我骑行的同一条路。道路上的每个拐弯都充满了回忆。我取走了我的自行车和拖车，一个小时后放到了回卡里斯的公交车上。在那儿，我断开了自行车与拖车的连接，将拖车借给了动物援助组织。他们可以用它来喂养流浪猫，并运送受伤和患病的流浪动物前往兽医处进行相应的护理。

之后，我飞回苏格兰。我一生中遇到的大多数人都不知道我的心境。我很惭愧，十年来无法告诉任何人，甚至我的朋友。我开始敞开心扉，倾诉我的过去、对遗弃的恐惧如何使我与人疏离。最美妙的事情发生了，我最好的朋友变得像姐姐一样，她的全家人都把我当成自己人。我和他们一起过了圣诞节。我们围成一圈坐在地板上，打开礼物。我原本希望得到一些象征性的礼物，以免感到被遗忘，但我却像其他所有人一样，收到了一堆礼物，真是令人惊讶。我咬着嘴唇，抬头看着他们说："我知道打开礼物时我会哭，但我想让你们知道这是幸福的眼泪。"第二个圣诞节，我和75岁的绅士杰克一起度过了圣诞节，他曾经修理过我的自行车。往常，他会独自过圣诞节，所以我和他在一起，我们共度了一个真正的圣诞节。他感谢我让他吃上了多年来的第一次圣诞大餐。我们之间的关系充满了我一直梦寐以求的亲密的父女关系，它已经成为我一生中最不可思议、最有意义的经历之一。

我还与我的第二个表亲取得了联系，他们也将接纳我回到他们的家中。加雷斯、伊莱恩和我也变得像家人一样，我在世界上的另一个家在土耳其，我将尽一切可能回家。我们沿着卡利斯海滩散步，我记得露西还在这里跑步和玩耍。我微笑着低声说"谢谢你，露西"。

我希望我可以说我和妈妈的结局是欢喜的，但当她说"结束了，我们之间结束了"的时候，我再次感到忧伤。但是这一次我身边围着爱我的人，所以我没有封闭自己、撕裂自己，我很快走出来了。现在，我生命中最棒的事情就是我不再孤单。

当我开始骑自行车环游世界时，我知道自己受到的伤害太深而无法去爱或被爱，但是露西把那个从未受过伤害的我带回来了，因此我不再害怕去爱。我知道我不再会因为过去而去破坏未来的关系，这真是一件好事。

我继续骑自行车环游世界，并志愿参加救援庇护所和绝育项目，而且我每年都会回苏格兰几个月，与家人共度一段时光。

我花了很长时间，当我准备好之后，就去卡利斯取回露西的拖车，并把它挂在我的自行车上，开始在巴西各地骑着自行车救援动物。

拥有这么多爱护我的人，是我在有露西之前梦寐以求的事情。她不仅给了我无条件的爱，还给了我归属感，给了我家，而且最重要的是给了我家人。

生活中并非事事都有一个我们想要的欢喜结局，但重要的是我们如何利用这些时机塑造我们最好的未来，并使世界变得更加美好。

如今，土耳其的教育计划正在逐步实施，旨在宣传动物绝育的重要性。在该国的某些地区，有一些非政府组织向流浪动物提供食物，与社区合作并走进学校向学生传授关于动物关怀和福利方面的知识。土耳其人民对动物的有些善举，令人难以置信，随着相关教育的发展，动物的福利也会提高。

亲爱的露西，我是如此爱你。你是世界上最好的狗，也是上天对我最好的恩赐。我每一天都在思念你，从未间断。很抱歉，你从未过上我为你设想的幸福生活，但在我内心深处，我希望永远是你的幸福。我只希望我回报了你给我的一半。露西，你改变了我的生活，我非常感激。

当我们相遇的时候，我还是一个受伤太深而无法去爱的人。但是，你改变了这一切。我现在有一个家，露西和家人。一个真正爱护我的家庭。你做到了，你是一条很棒的狗！人们认为是我救了你，但露西，你也救了我。这本书是我对你的承诺，我要去帮助那些像你一样还在街上流浪的朋友。

无需说再见，因为在我所做的每一件事中，你始终与我同在。

露西，你真是一个好女孩。我爱你，全心全意。

谢谢！

伊什贝尔

致　谢

　　我首先要诚挚地感谢"在线世界自行车女孩社区"。尽管天涯阻隔，但是你们一直伴随着我，在这个改变人生之旅中分享欢笑和泪水。在我的冒险经历以及我的个人成长和发展中，你们给了我超出预期的帮助。当然，没有你们，我不可能对流浪狗有所帮助，我每天都在心里感谢你们的支持。

　　另一个真诚的感谢要送给我的经纪人詹妮弗·巴克利，因为她太出色了，在我心里，没有比她更好的经纪人了。另外，她也有一条很棒的狗——丽莎！

　　感谢我的出版商，美国的华美出版社和英国的布拉特导游出版社。与他们的合作真是一次令人难以置信的美好经历。特别感谢华美出版社的编辑凯西·布莱恩，她的指导和鼓励非常棒。

如果没有演员兼编剧弗兰·吉尔霍利的帮助，这本书是不可能诞生的，是他要求我写一个关于我生活的电影剧本。他是第一个详细了解我整个过去的人，他的支持和鼓励激发了我写这本书的力量和自信。

非常感谢我的心理健康治疗师塞纳·莫兰，她帮助我了解和应对自己的过去。

特别感谢伊莱恩和加雷思·彭定康、福尔摩斯家、亨德森家、里格利家、伊丽莎白和阿比盖尔、瑞秋·纳瓦罗、伊娃·怀伊特、布莱恩·赖特、凯西·康纳、黛比·休斯顿、戴尔斯·赛可思、苏珊·布朗利、智能数据集团、西蒙·斯坦福斯、史蒂夫·马格斯、乔·霍西尔、沃尔坎·奥克拉尔、斯哥特·格拉斯哥、菲奥娜·基德和马克·法隆、苏·费舍尔和达伦·达菲尔德、安和汤姆·万斯、苏珊·利敏顿、泽克利亚·卡赞西、约翰和琳达·布雷特、波琳和安迪·特伦特、简·阿卡塔伊、布伦特·阿克萨卡、凯特和查理、戴维和安妮·玛丽·汤姆金斯、詹姆斯·克拉克以及詹姆斯·斯科特和格林·伍兹。

作者寄语

在过去的几十年中，人们对心理健康的态度有了突飞猛进的进步，而我的早期经历属于一个缺乏理解、支持或同情心的阶段。重要的是，不要对那些正在遭受心理折磨的人进行评判，这包括本书中的任何人。

大多数一线动物救助工作都是由那些从不袖手旁观、拒绝看着动物受苦的人们组织的，所以他们才会付诸行动。这些救援人员每天都必须应对压力、焦虑和资金短缺等问题。对于这里所描述的内容，我怀着深切的同情。

您可以如何提供帮助？

如果露西的故事对您有所启发，您可以通过多种方式提供帮助。世界各地成千上万个善良而勤劳的志愿者和组织正在协助动物救助事业。我在这里附上两个信息。

露西的遗产

我以露西的名义开设的慈善机构，旨在帮助世界各地的流浪狗。该组织专注于宣传教育以及协助前线救援工作。

lucylegacy.org

拯救露西

和谐基金

这是一家位于美国的慈善机构，为世界各地的一线救援组织提供支持，特别关注贫困地区中资金不足的动物救援组织。

harmonyfund.org